“十三五”时期广东5G创新技术发展报告

——基于文献计量分析的视角

张 衡 陈海东 王 勇 主编

SPM 南方传媒 | 广东经济出版社

·广州·

图书在版编目（CIP）数据

“十三五”时期广东5G创新技术发展报告：基于文献计量分析的视角 / 张衡，陈海东，王勇主编. —广州：广东经济出版社，2021.11

ISBN 978-7-5454-8014-6

Ⅰ. ①十… Ⅱ. ①张… ②陈… ③王… Ⅲ. ①第五代移动通信系统－技术发展－研究报告－中国 Ⅳ. ①TN929.538

中国版本图书馆CIP数据核字（2021）第221635号

责任编辑：刘 倩
责任技编：陆俊帆
封面设计：友间文化 / 黄新乐

“十三五”时期广东5G创新技术发展报告：基于文献计量分析的视角
“SHISANWU” SHIQI GUANGDONG 5G CHUANGXIN JISHU FAZHAN BAOGAO：JIYU WENXIAN JILIANG FENXI DE SHIJIAO

出版人	李 鹏
出 版 发 行	广东经济出版社（广州市环市东路水荫路11号11～12楼）
经 销	全国新华书店
印 刷	广州市友盛彩印有限公司 （广州市增城区新塘镇太平洋工业区113号厂房A2一楼C区）
开 本	787毫米×1092毫米 1/16
印 张	12.5
字 数	180千字
版 次	2021年11月第1版
印 次	2021年11月第1次
书 号	ISBN 978-7-5454-8014-6
定 价	68.00元

图书营销中心地址：广州市环市东路水荫路11号11楼
电话：（020）87393830 邮政编码：510075
如发现印装质量问题，影响阅读，请与本社联系
广东经济出版社常年法律顾问：胡志海律师

编委会

前 言

Preface

“十三五”时期，广东省坚决贯彻落实习近平新时代中国特色社会主义思想，深入实施创新驱动发展战略，强化科技自立自强能力，塑造科技创新新优势，加快形成以创新为主要引领和支撑的现代化经济体系，全面推进科技创新强省建设，打造粤港澳大湾区世界级创新高地，扎实推进高质量发展，加快打造新发展格局的战略支点，努力在全面建设社会主义现代化国家新征程中走在全国前列。

第五代移动通信技术（5G），被誉为“数字经济新引擎”，既是人工智能、物联网、云计算、区块链、视频社交等新技术、新产业的基础，也为“中国制造2025”和“工业4.0”提供关键支撑。加快5G产业创新发展，是广东省落实习近平总书记关于建设网络强国、数字中国决策部署的重要举措，也是促进产业数字化转型升级、推动经济高质量发展的战略选择。过去五年，广东省在5G技术创新、标准制定、网络建设、商用试验、融合应用等方面持续发力，形成了较为完整的产业链和创新链。截至2021年3月底，广东省共建设5G基站125521个，拥有5G移动电话用户数2083.5万户，均位列全国首位。

为了支撑广东省重点领域研发计划管理服务工作，广东省技术经济研究发展中心（www.gdte.cn）、广东省科学院信息研究所（www.stlib.cn）长期跟踪广东省科技创新发展态势、政策规划、投入产出等数据信息，通过文献计量分析的可视化呈现，反映各领域基础研究的发展轨迹和发展规律，客观评价它们的综合竞争力，凝练总结相关优势学科、重点机构、领军团队，辅助广东省科技创新管理工作与政策制订。

本书编撰团队常年承担广东省重点领域研发计划“新一代通信与网络”重大专项、“网络协同制造与工业互联网”重点专项项目专业管理任务，并多次参与广东省科学技术厅科技创新政策制订工作以及广东省“十二五”“十三五”科技发展规划战略课题研究。

在广东省科学技术厅的指导下，团队深入广东重点高校、科研院所、通信领域龙头企业和应用示范单位，与业内科学家共同研讨5G领域基础研究、创新技术、产业发展等议题。在此基础上，团队查阅了大量资料，综合运用文献计量方法进行技术预见研究。

本书分为五章，主要包括5G技术发展现状及趋势，创新技术和产业布局，基础研究与应用发展态势等内容，重点对广东5G领域科研攻关体系、技术宏观态势、机构技术竞争力、协同创新网络和活跃团队等进行了分析。

研究发现，“十三五”期间，在广东省各级主管部门的大力支持下，各类主体积极开展创新研发活动，5G技术的基础研究与应用发展逐步活跃、深入。结合对2010篇SCI论文和18007件专利的分析，广东省内高校院所和企业等5G创新机构积极开展省内外、国际科技合作，逐步构建并形成协同创新网络，涌现出一批“高产”“高影响力”的人才、团队和机构；基础研究成果主要来源于深圳大学、华南理工大学、中山大学等高校，应用研究成果则大多集中在华为、OPPO、中兴等实力雄厚的大型集团中；天线类相关研究布局最受各类研发主体青睐，第三代半导体相关技术的布局力度、产业化程度及市场化能力则有待提升。展望“十四五”时期，广东将坚决贯彻落实习近平总书记、党中央决策部署，聚焦关键领域，强化5G技术攻关和标准制定，加快5G基础设施规模化建设，推动5G在工业、教育、医疗、农业、交通运输等领域深度融合应用，全面提升全产业链体系化能力，努力打造世界级5G产业集聚区和融合应用区。

诚挚感谢本书所引用和借鉴的成果的相关作者。

由衷感谢广东省科学院信息研究所刘漪团队的鼎力支持！

本书是广东省科学技术厅高新技术处和科技监督与诚信建设处大力支持和指导的结果，是广东省科技计划项目“新一代信息技术领域前沿颠覆性科技发展探索研究”“粤港澳大湾区高校科技创新资源统计与调查研究”“广东省自然科学基金交叉学科项目评审机制探索”的研究成果，在此谨致以衷心的感谢。

需要说明的是，本书重点关注5G领域相关学科基础研究和前沿关键技术开发，并未对应用场景、产业布局、市场竞争等方面做过多赘述，文献计量分析也仅仅是评估5G创新技术发展的方法之一，希望本书能抛砖引玉吸引更多学者开展专题研究，以更科学、全面的证据和信息支撑科技评估咨询事业迈向深入。同时，由于本书为集体完成，文字风格不尽统一，加之作者水平和资料有限，书中遗漏、不足之处在所难免，敬请读者不吝批评指正。

编委会

2021年6月

目录

Preface

1 绪论

2 广东5G创新发展环境

3 5G创新技术发展态势分析方法论

4 广东5G创新技术发展态势

5 广东5G创新技术发展趋势与建议

附 表

1

CHAPTER

绪 论

网络信息技术是全球研发投入最集中、创新最活跃、应用最广泛、辐射带动作用最大的技术创新领域，是全球技术创新的竞争高地。我们要顺应这一趋势，大力发展核心技术，加强关键信息基础设施安全保障，完善网络治理体系。要紧紧牵住核心技术自主创新这个“牛鼻子”，抓紧突破网络发展的前沿技术和具有国际竞争力的关键核心技术，加快推进国产自主可控替代计划，构建安全可控的信息技术体系。要改革科技研发投入产出机制和科研成果转化机制，实施网络信息领域核心技术设备攻坚战略，推动高性能计算、移动通信、量子通信、核心芯片、操作系统等研发和应用取得重大突破。

——习近平总书记在十八届中央政治局第三十六次集体学习时的讲话（2016年10月9日）

1.1 第五代移动通信技术（5G）概念与应用

1.1.1 通信技术和移动通信技术

人类文明的进化史，实质上是一部信息记录和传输的历史，也是信息储存量逐步增大，信息传播速度和广度不断提升的历史。获得信息的能力是改变人类的根本力量。最初获得信息的能力，主要来源于原始视觉以及逐渐进化的语言。语言的产生开启了第一次信息革命，也由此构建了以信息分享为发展基础的人类社会。借助语言，人类可以实现信息的面对面同步传输，也可以通过口口相传的办法在空间维度上的不同地域之间传播，或者在时间的维度上代代传承，但受人类记忆力和传播效率的限制，交流内容有限，传播人群也有限。语言信息具有不稳定性，单靠语言传输会造成误传，导致信息无法可靠地储存，因而难以建立持久且成体系的信息传播。而文字的出现，使人类社会可以对信息进行有效存储及传播，由此创建了可以代代传承从而绵延不绝的人类文明。比起单靠语言的交流，文字的应用实现了更可靠的记录和传输，引发了人类第二次信息革命。人类可追溯的漫漫历史，完全得益于可以保存信息并跨越时空进行传播的文字载体。

尽管语言和文字是一种通信技术，但是真正称得上具有技术含量的大容量通信，还得是无线电。18世纪，在富兰克林、伏特、法拉第等科学家的艰苦努力下，电首先为人类所用了。在法拉第、赫兹、麦克斯韦等科学家的贡献下，电磁学理论得以完善和成熟，为无线电的产生奠定了坚实的基础。特斯拉、波波夫、马可尼等都为无线电的开创和发明做出了卓越的贡献。1901年，马可尼完成了横跨大西洋的无线电通信，新的信息革命宣告来临。此外，在电报的基础上，又相继诞生了电话、广播等无线电信息传播方式，真正的通信技术登上了历史舞台。

大多数人无法想象没有先进技术进行信息交流的世界，在使用这些技术之前，只能发送不超过140个字符的信息。现在情况有所不同，各类先进技术融入不同类型的通信使信息共享变得前所未有地容易。在全球范围内，电话、广播、电视和互联网是通信技术的主要类型。

电话。电话彻底改变了口头交流方式，人们可以在世界任何地方相互交谈以加强联系，与全国乃至全世界各地的人交谈就像与街上的人交谈一样容易。随着科技的进步，电话设备逐渐从座机升级为手机。过去很重的设备现在可以轻松地放入口袋。现代电话不仅便携，而且功能也很丰富，它采用了新型的视觉和书面交流方式，可以发送短信和电子版照片，从而增加了手机共享的信息量。电话引入了一种全新的口头、书面和视觉交流方式，它令人兴奋的新功能也将继续更新通信的定义。

广播。电话问世大约20年后，无线电通信开始发挥作用。口头交流领域的另一项创新是无线电应用覆盖大众。广播凭借低成本覆盖大量听众的能力，促使许多组织继续利用其进行信息传播。信息提供者，例如广告商和新闻广播商，也使用无线电技术与大众进行交流。无线电技术改变了向大众传递信息的方式，不断提高大众传播水平。

电视。电视是可以接触广大观众的另一种方式，它带来的新好处主要是视觉交流。有些信息很难用文字来描述，电视为观众提供了两全其美的方法，即与声音相伴的视觉效果，这一优势使电视取代广播成为大众传播的主要工具。今天，数以千计的电视频道几乎可以传播任何主题的信息，例如历史、体育、新闻、科学、小说等。无论是出于娱乐还是其他目的，人们都在不断地通过电视获取信息。

互联网。互联网使得不同的用户可以采用不同的设备进行通信。通过网络，用户可以在任意有网的地方完成所有操作。作为交互技术中的“女王”，互联网成功地将所有类型的通信技术结合在一起。它拥有人类目前已知的最大的信息和通信来源。互联网使得任何类型的交流变得容易，可以使用视频会议软件完成口头和非口头交流，可以通过电子邮件发送书面信息，可以将电子图片发送到任何互联网设备或从任何互联网设备发出。

通信技术使人与人之间的联系比以往任何时候都更加紧密，为了让网络顺利运行，还需要进一步连接各类交互设备。信息和通信技术是指用于发送和接收信息的交互工具和技术的连接系统，无论是个人还是公司，都应利用各类交互式工具和手段进行信息互联以确保通信的最高效率。这些交互式工具系统包括人工智能等先进创新技术，以及有线电话等传统技术。信息和通信技术改变了人们日常生活、工作和交流的方式，这些创新通过机器已经接管了人们从未想象过的某些任务，例如接听电话并给出类似人类的响应，或者接收语音信息并转化成文字信息或实时翻译。

通信技术，尤其是移动通信技术，从20世纪末至今，已经取得了长足的进步。自1983年摩托罗拉推出第一部商用手机以来，无论是技术、协议，还是速度，移动电话的变化都代表着移动通信的典型应用。

1G技术：第一代无线移动通信，使用模拟信号传输数据。它于20世纪80年代初在美国推出，专为语音通信设计。1G通信的特点是数据传输速率只有2.4kbps，语音质量差，用于电池寿命有限的大型手机，不能保障数据安全。

2G技术：第一次使用数字信号的第二代移动电话。它于1991年在芬兰推出并使用GSM（Global System for Mobile Communications，全球移动通信系统）技术。2G通信的突出特点包括数据传输速率可以达到64kbps，可以发送短信和彩信，且比1G质量更好。当GPRS（General Packet Radio Service，通用分组无线业务）技术被引入后，它还支持网页浏览、电子邮件服务和快速的上传/下载，"带有GPRS的2G"也被称为"2.5G"，它距离下一代移动设备还差一步。

3G技术：第三代（3G）移动电话始于21世纪初，与前几代相比有了重大进步。这一代的特点是数据传输速率达到了144kbps～2Mbps，这样的速度使得移动终端能够高速浏览网页、运行基于网络的应用程序，如视频会议、多媒体电子邮件等，以及快速、轻松地传输音频、视频文件和3D游戏。然而，3G技术也有一些缺点，例如手机价格高、基础设施许可费高，移动信号塔也很昂贵，且基础设施的建设需要更高水平的技术人员。3G和2G一样，在发展的同时产生了中间一代，即3.5G。它将不同的移动电话和数据技术组合在一起，为下一代移动通信铺平了道路。

4G技术：紧跟新一代移动通信技术发展的趋势，2011年诞生的第四代（4G）移动通信，其主要特点是传输数据速率达到了100Mbps～1Gbps，这样的速度允许移动终端具备访问移动网络、观看高清手机电视、云计算以及拨打IP电话等功能。3G和4G之间除了数据传输速率不同外，其技术也存在巨大差异，例如4G开始使用关键技术MIMO（Multiple Input Multiple Output，多输入多输出）和OFDM（Orthogonal Frequency Division Multiplexing，正交频分复用）。除了4G外，还有4GLTE（Long-Term Evolution，第四代长期演进），它相对于3G有速度上的提升，但从技术上讲，它不是4G。4G LTE是3G的演进，是3G与4G技术之间的一个过渡，是3.9G的全球标准。从严格意义上来讲，LTE一开始的定位仅仅是3G的加强版，但是随着后期的发展，它大大超出了当初设计者的预期。本来只能称作“3.9G”，由于不断地改善升级，后续版本已经成了真正的4G。一般而言，LTE网络都能满足4G网络的标准（下行100Mbps），而4G时代又以LTE网络为主，11所以通常把二者结合在一起，统称为“4G LTE”。4G LTE的数据传输速率最大可以超过100Mbps，这个速率是移动电话数据传输速率的1万倍，也是3G移动电话数据传输速率的50倍。

5G技术：当前5G的工作频率在6GHz以下（FR1），但是真正的5G工作频率是30～300GHz范围内的无线电毫米波频段（FR2）。当前测试结果表明低于毫米波频率的5G技术在500m内仍有良好的传输特性，而使用小基站、微基站、皮基站部署具有基于毫米波载波的5G，可以更好地改善整体覆盖区域。结合波束成形，小型蜂窝可以以极低的延迟提供更全面的覆盖。低延迟是5G最重要的特性之一，其通信延迟可以低至1ms，估计可比4G快60～120倍。然而，相对于4G来说，5G不只是快，它还被赋予了“万物互联”的责任（表1-1）。

表1-1 不同代次移动通信技术对比

对比研究	2G	3G	4G	5G
诞生年份	1993	2001	2009	2018
技术	全球移动通信系统（GSM）	宽带码分多址（Wideband Code Division Multiple Access，WCDMA）	通能移动通信技术的长期演进（LTE），全球微波接入互操作性（World Interoperability for Microwave Access，WiMAX）	多输入多输出（MIMO），毫米波（mm Wave）
可接入系统	时分多址（Time Division Multiple Access，TDMA），码分多址（Code Division Multiple Access，CDMA）	码分多址（CDMA）	码分多址（CDMA）	正交频分复用（OFDM），波束分多址（Beam Division Multiple Access，BDMA）
开关类型	用于语音的电路交换和用于数据的分组交换	除空中干扰外的分组交换	分组交换	分组交换
因特网服务	窄带	宽带	超宽带	无线万维网
带宽	25MHz	25MHz	100MHz	30～300GHz
优势	多媒体功能（Short Message Service，SMS和Microft Media Server Protocol，MMS）、互联网接入和引入SIM（Subscriber Identity Module，用户识别卡）	高安全性、国际漫游	高速度、高速切换、全球移动	超高速、低延迟
应用	语音通话、短信	视频会议、手机电视、GPS	高速应用、移动电视、可穿戴设备	高分辨率视频流，远程控制车辆、机器人和医疗程序

当前的5G标准已经具备大带宽、高速率、低时延的移动宽带通信能力，支持10Gbps的峰值速率，毫秒级的空口时延，采用灵活的空口设计方案，可以满足多样化场景的差异化性能需求。面向个人的2C业务，可以为用户提供4K/8K超高清视频、AR（Augmented Reality，增强现实）/VR（Virtual Reality，虚拟现实）、沉浸式游戏等更加极致的业务体验，5G云游戏、5G+超高清直播、5G+AR/VR等特色业务在游戏娱乐、赛事演艺直播、居住服务等领域的应用，给人们在生活、娱乐、沟通等方面带来了全新的应用体验。而对于面向行业应用的2B业务，目前在工厂、矿山、港口、医疗、交通等垂直行业领域的应用已经由探索走向实践。以当前最具热度的5G+工业互联网应用为例，当前的5G网络可以满足工业互联网中大部分用以增强移动宽带场景及超高可靠低时延场景的网络传输需求，众多工业企业利用5G技术在研发设计、生产制造、运营管理、产品服务等环节开展了一系列应用场景的改造活动，多个场景已呈现出规模化落地推广的态势，但部分涉及生产核心环节的超高可靠低时延场景仍处于探索初期（图1-1）。

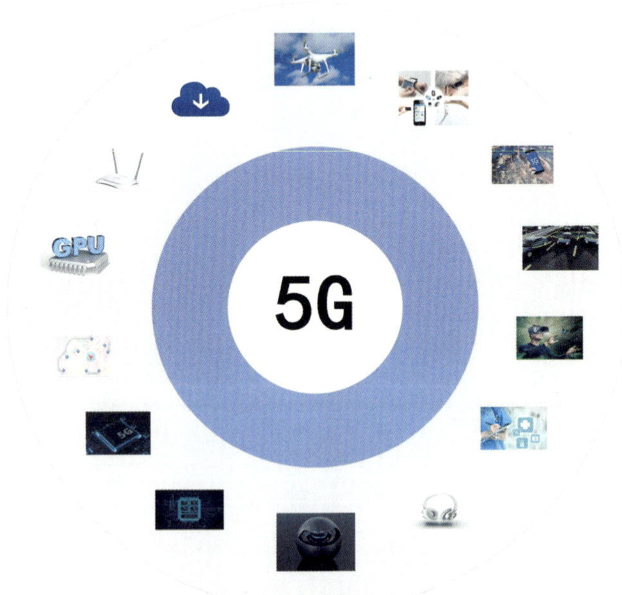

图1-1　5G“万物互联”

5G应用将迎来一个前所未有的新时代。它带给我们的想象空间巨大，可能会在中国社会引发一场史无前例的生产和生活方式的革命，并将对我国经济高质量发展和现代国家治理提供新动能和新方案。

1.1.2 5G特点

5G是继1G、2G、3G、4G网络之后的新全球无线标准，旨在将几乎所有人和所有事物（包括机器、物体和设备）连接在一起，为更多用户提供更高的峰值数据速度、超低延迟、更高的可靠性、海量网络容量、更高的可用性以及更统一的用户体验。更高的性能和更高的效率赋予用户新的体验并连接新的行业。

移动生态系统中有很多公司正在为5G的诞生和发展做贡献，例如爱立信、高通、华为、中兴等，各公司在3GPP（3rd Generation Partnership Project，第三代合作伙伴计划）推动行业向前发展并在许多基础技术的发明方面发挥了重要作用。3GPP是一个行业协会，在全球范围内有强大影响力。3GPP成立于1998年12月，最初的工作是为第三代移动通信系统制定全球适用的技术规范和技术报告。随后其工作范围拓展，增加了对UTRA（Universal Terrestrial Radio Access，通用无线接入）长期演进系统的研究和标准制定，也继续为4G、5G，甚至6G、XG服务。

3GPP采用会员制，其会员主要包括三类：组织伙伴、市场代表伙伴和个体会员。3GPP的组织伙伴包括欧洲的ETSI（European Telecommunications Standards Institute，欧洲电信标准化协会）、日本的ARIB（Association of Radio Industries and Businesses，日本无线工业及商贸联合会）、日本的TTC（Telecommunication Technology Committee，日本电信技术委员会）、韩国的TTA（Telecommunications Technology Association，韩国电信技术协会）、美国的ATIS（Alliance for Telecommunications Industry Solutions，美国电信工业解决方案联盟）、印度的TSDSI（Telecommunications Standards Development Society，India，印度电信标准发展协会）和中国的CCSA（China

Communications Standards Association，中国通信标准化协会）七个标准化组织。3GPP市场代表伙伴不是官方的标准化组织，而是向3GPP提供市场建议和统一意见的机构组织。TD-SCDMA（Time Division-Synchronous Code Division Multiple Access，时分同步码分多址）技术论坛的加入使得3GPP 合作伙伴计划市场代表伙伴的数量增加到6个，其他5个分别为GSM协会、UMTS论坛、IPv6（Internet Protocol Version 6，互联网协议第6版）论坛、3G美国（3G Americas）、全球移动通信供应商协会（The Global Mobile Suppliers Association）。中国无线通信标准研究组（China Wireless Telecommunications Standards group，CWTS）于1999年6月在韩国正式加入3GPP和3GPP2，成为当前主要负责第三代伙伴项目的组织，而在此之前，我国是以观察员的身份参与这两个伙伴的标准化活动的。组织伙伴里这六个国家（地区）的七个组织，通常也叫作SDO（Standards Development Organization，标准开发组织），SDO共同决定3GPP的整体政策和策略。

3GPP受SDO委托制定通用的技术规范，而各个SDO可能会制定国家和地区性的标准，在此过程中需要参考3GPP相关标准规范。为了满足新的市场需求，3GPP规范不断增添新特性来增强自身能力。为了向开发商提供稳定的实施平台并添加新特性，3GPP使用并行版本体制，所有版本包括从1999年发布的99版本一直发展到当前的R16版本。虽然R14版本初始规范支持集成在上一代 LTE 网络中的非独立5G无线电系统，但2018年6月发布的R15版的范围扩展到“独立”5G，新的无线电系统由下一代核心网络补充。它还包含LTE的增强，以及隐含的演进分组核心（Evolved Packet Core，EPC）。这个关键的路径点使供应商能够在 2019 年快速推进芯片设计和初始网络实施。2020年7月，3GPP发布了R16版本标准，其在R15版本的基础上继续增强了移动宽带业务能力，实现了对5G车联网、工业互联网等低时延、高可靠应用的支持，实现了从“能用”到“好用”的升级，且正式为5G定义了三大应用场景，即eMBB（Enhanced Mobile Broadband，增强移动宽带）、mMTC（Massive Machine Type Communication，大规模机器类型通信）、uRLLC

（Ultra -Reliable and Low Latency Communications，超可靠、低时延通信）。

R16版本的主要特点有：

R16支持5G与TSN（Time Sensitive Networking，时间敏感网络）集成，从而扩大潜在的工业互联网用例，比如工厂自动化、电网配电自动化等。5G+TSN，即5G系统与TSN网络集成，基于5G uRLLC的低时延、高可靠能力，满足TSN架构的四大严苛的功能需求：时间同步、低时延传输、高可靠性和资源管理。5G与TSN融合后，可通过5G NR（5G New Radio，基于OFDM的全新空口设计的全球性5G标准）无线替代工厂内的有线网络，让工业生产更加柔性化。

uRLLC增强。3GPP R15版本主要通过更大的子载波间隔（numerology）、Mini-slots、快速HARQ-ACK、Pre-scheduling等技术来降低空口时延，并通过PDCP（Packet Data Convergence Protocol，分组数据汇聚协会）复制传输、增强数据与控制信道的传输系统参数等技术来提升传输可靠性。R16版本将通过PDCCH（Physical Downlink Control Channel，物理下行控制信道）监视功能、支持多个HARQ-ACK、无序PUSCH（Physical Uplink Share Channel，上行共享物理信道）调度、UE（user experience，用户体验）优先级和多路复用等多个功能来进一步增强uRLLC。此外，为了进一步增强可靠性，R16对PDCP复制机制进行了增强，最高可支持4路复制数据传输，同时增强了对激活/去激活PDCP复制的控制。

非公共网络（NPN）。Non Public Network是基于3GPP 5G系统架构的专用网络，它将5G扩展到传统的公共移动网络之外，对于使能垂直行业数字化转型至关重要。NPN有两种部署方式：独立部署和非独立部署，即SNPN（Stand-alone NPN，独立的非公共网络）和PNI-NPN（Public Network Integrated NPN，公共网络集成NPN）。在非独立部署模式下，垂直行业可基于5G网络切片技术与运营商共享RAN（Radio Access Network，无线接入网），共享核心网控制面，或共享整个端到端5G公网（即端到端网络切片）等来建设5G专网。在独立部署模式下，垂直行业独立部署从基站到核心网到云平台的整个5G网络，可以与运营商的5G公网相隔离。这意味着工厂或园区内的设备信息、控制面信令流量、用户面数据流量等都不会出园区，可满足工业领域严苛的数据安全、低时延和高可靠要求。当然，对于园区内的语音、上网等非生产型业务，也可以通过防火墙与运营商公网互联。在独立部署模式下，垂直行业的频谱资源可以向运营商租用，也可以从监管机构申请，比如德国和日本就专门为垂直行业分配了专网频段，工业巨头们向政府申请并支付相应的费用就可以使用了。

5G NR-U。5G NR in Unlicensed Spectrum，即工作于非授权频谱的5G NR。它将5G NR工作于5GHz和6GHz的非授权频段。5G NR-U包括两种模式：LAA NR-U（Licensed Assisted Access，授权频谱辅助接入NR-U）和Stand-alone NR-U（独立NR-U）。LAA NR-U依托于运营商的授权频谱，将运营商的NR授权频谱作为锚点来“聚合”非授权频段，以利用未授权频谱资源增强运营商网络的容量和性能，尤其适用于一些人群集中的室内场所，比如体育馆和购物中心等。Stand-alone NR-U不需要授权频谱作锚点，可完全独立地在非授权频谱上部署单个5G接入点或5G专网，这和今天企业自建Wi-Fi网络的模式一样，只不过使用的是5G NR技术。

5G LAN。5G局域网支持在一组接入终端间构建二层转发网络，并通过5G SMF（Session Management Function，进程管理功能）与UPF（User Port Function，用户面功能）的交互实现终端组内数据交换和用户面路径选择。5G LAN提供了组管理服务，使第三方可以创建、更新和删除组以及处理网络中的5G虚拟网络（Virtual Network，VN）配置数据和组成员UE的配置。

5G V2X。蜂窝车联网（Celluar Vehicle-to-Everything，C-V2X）旨在把车连到网，以及把车与车、车与人、车与道路基础设施连成网，以实现车与外界的信息交换，包括V2N（Vehicle-to-Network，车辆与网络/云）、V2V（Vehicle-to-Vehicle，车辆与车辆）、V2I（Vehicle-to-Infrastructure，车辆与道路基础设施）和V2P（Vehicle-to-Pedestrian，车辆与行人）之间的连接性。V2X消息可以通过Uu接口在基站和UE之间传输，也可通过Sidelink接口

（也称为PC5）在UE之间直接传输，即设备与设备之间直接通信。为了将蜂窝网络扩展到汽车行业，3GPP在R14版本中引入了LTE V2X，随后在R15版本中对LTE V2X进行了功能增强，包括可在Sidelink接口上进行载波聚合、支持64QAM（Quadrature Amplitude Modulation，正交振幅调制）调制方式，进一步降低时延等。进入5G时代，3GPP R16版本正式开始对基于5G NR的V2X技术进行研究，以更低的时延、更高的可靠性、更高的容量来提供更高级的V2X服务（图1–2）。

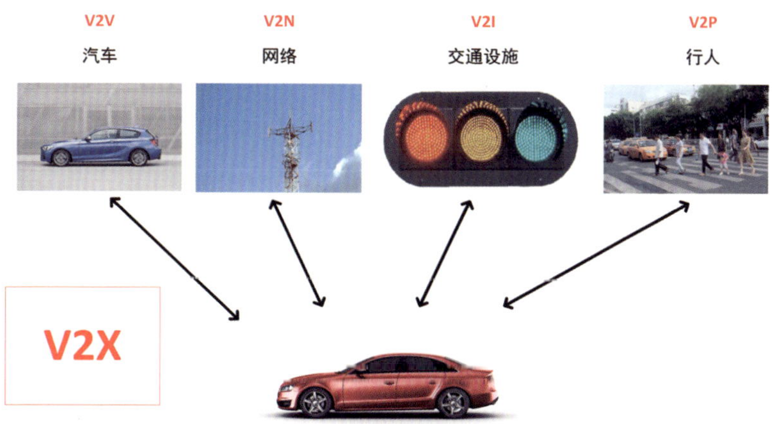

图1–2 5G对V2X支持

R16版本的NR V2X与LTE V2X互补和互通，定义支持25个V2X高级用例，主要涉及四大领域：（1）车辆组队行驶，其中领头的车辆向队列中的其他车辆共享信息，从而使车队保持较小的车距行驶；（2）通过扩展的传感器协作通信，车辆、行人、基础设施单元和V2X应用服务器之间可交换传感器数据和实时视频，从而增强UE对周围环境的感知；（3）通过交换传感器数据和驾驶意图来实现自动驾驶或半自动驾驶；（4）支持远程驾驶，帮助处于危险环境中的车辆进行远程驾驶（图1–3）。

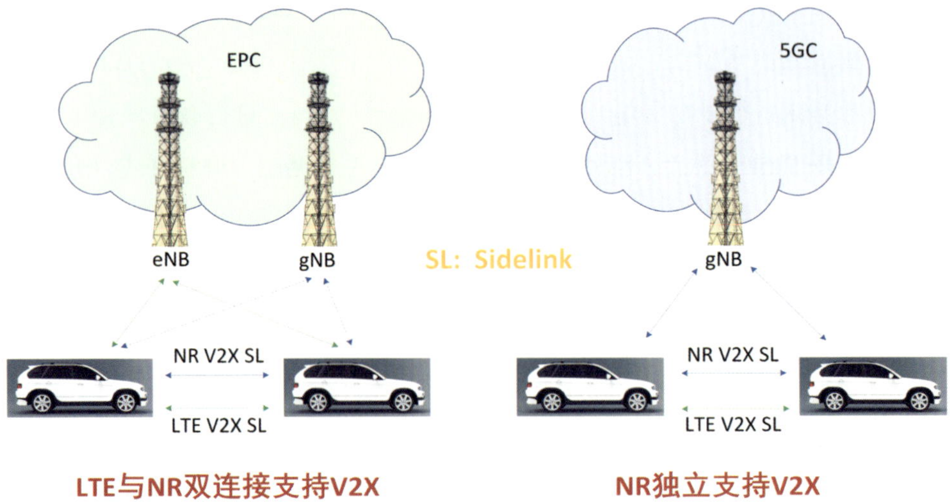

图1-3　基于5G技术的V2X通信构架

NR定位。5G时代大量的应用需要精准定位，比如工业AGV（Automated Guided Vehicle，无人搬运车）、资产追踪等，尤其是室内精准定位，可卫星定位在室内无法使用，LTE和Wi-Fi定位技术又不精准，因此，5G在R16版本中增加了定位功能，其利用MIMO多波束特性，定义了基于蜂窝小区的信号往返时间（Round Trip Time，RTT）、信号到达时间差（The Difference of Arrival，TDOA）、到达角测量法（Angle of Arrival，AoA）、离开角测量法（Angle of Departure，AoD）等室内定位技术。通过这些定位技术，对于一些对定位精度要求更为严格的商业用例，至少需达到以下要求：对于80%的UE，水平定位精度优于3m（室内）和10m（室外），垂直定位精度优于3m（室内和室外）。

随机接入信道功能增强。它是5G终端开机时向5G网络发出的第一条消息，因此对其进行优化设计非常重要。在R15版本中，基于竞争的随机接入过程是一个四步过程。四步随机接入过程需要在UE和基站之间往返两个周期，这不仅增加了等待时间，还导致了额外的控制信令开销。R16版本采用了两步随机接入的机制，其将前导码preamble（Msg1）和调度传输Scheduled Transmission（Msg3）合并为MsgA，将随机接入响应Random Access Response（Msg2）和竞争解决Contention Resolution消息（Msg4）合并为MsgB。

5G NR集成无线接入和回传增强。Integrated Access and Backhaul（IAB）for NR，即5G NR集成无线接入和回传，其可通过扩展NR以支持无线回传来替代光纤回传（图1-4）。IAB尤其适用于5G毫米波。由于毫米波传输距离短，需要部署密集的微站，这也就意味着需要挖沟架线以敷设密集的光纤回传，而IAB通过无线回传替代光纤回传，可以大幅降低部署难度和成本。通过IAB技术，接入链路可以与回传链路使用相同的频段，称为“带内工作”；采用不同的频段，则称为“带外工作”。

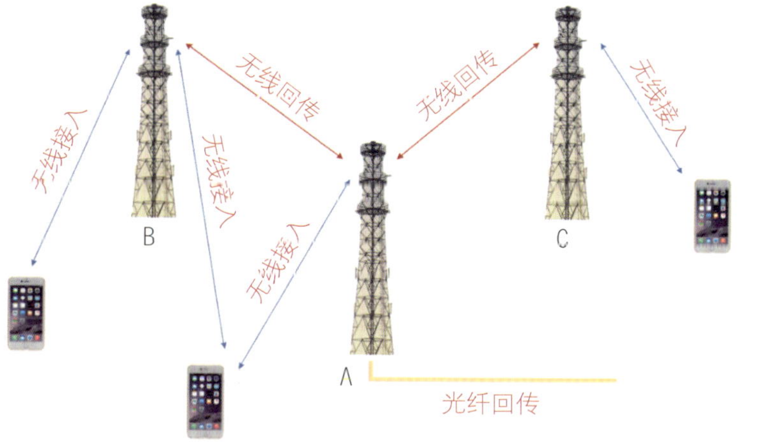

图1-4　5G NR集成无线接入和回传增强原理图

移动性增强。在传统4G网络和5G R15版本中，移动终端从源小区切换到目标小区时，移动终端会在短时间内无法发送或接收数据。具体来讲，移动终端与目标小区建立连接之前通常会释放与源小区的连接，这会导致网络与移动终端之间存在几十毫秒的中断。同时，在NR高频段波束赋形中需要进行波束扫描，这可能导致切换中断时间比LTE更长，且可能导致更多的无线链路故障，从而降低可靠性。5G智能制造、车联网、电网配网自动化等场景要求时延不超过几毫秒，且对可靠性要求苛刻。为了缩短切换中断时间和提高可靠性，R16采用Dual Active Protocol Stack（DAPS，双激活协议栈）技术对NR的移动性进行了增强，其允许移动终端在切换时始终与源小区保持连接，直到与目标小区开始进行收发数据为止。也就是说，在切换过程这段极短的时间里，移动终端需要同时从源小区和目标小区接收和发送数据。

双连接和载波聚合增强。R16增强了双连接和载波聚合功能，包括通过更早的测量报告缩短载波聚合和双连接的建立和激活所需的时间，最小化小区建立和激活所需的信令开销和等待时间，快速恢复MCG（Master Cell Group，主小区组）链路，支持不同于载波间隔的载波聚合小区的跨载波调度，等等。

大规模多输入多输出（MIMO）增强。R16增强了波束管理和CSI（Channel State Information，信道状态信息）反馈，支持多个传输点（multi-TRP）到单个UE的传输，以及多个UE天线在上行链路的全功率传输，这些增强功能可提升传输速率，提升边缘覆盖率，减少开销和提升链路可靠性。

UE节能。由于5G NR更灵活、带宽更大、速率更高，NR终端设备比LTE更耗电。为了减少终端功耗，R16引入了一些新的节能功能，比如唤醒信号（wakeup singal）、增强跨时隙调度、自适应MIMO层数量、UE省电辅助信息等。

目前3GPP正在制定R17版本标准，重点实现多样化物联网和中高速大连接应用，计划于2022年6月发布，而R18版本于2021年9月9日—10 日在3GPP标准与产业发展研讨会上进行讨论（图1-5）。

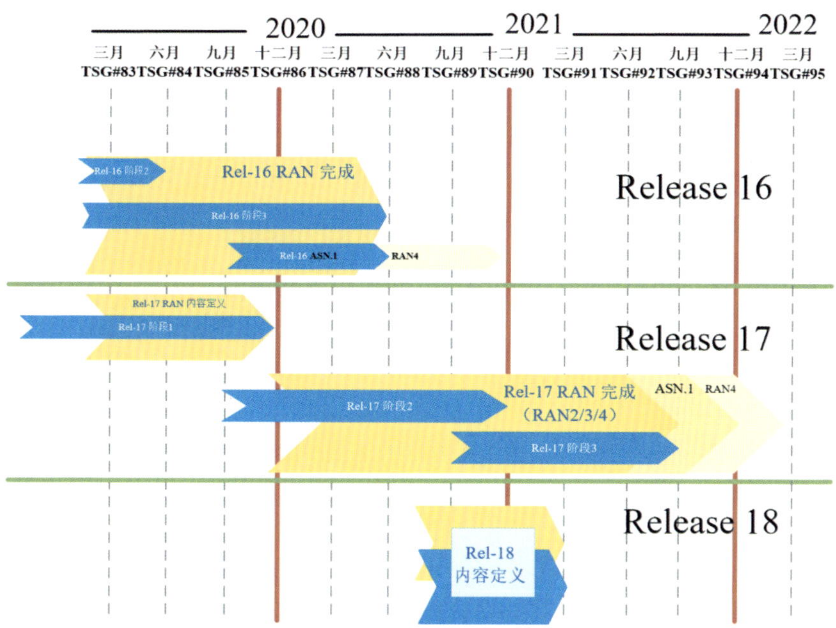

图1-5 3GPP版本发布时间

1.1.3 5G技术

在移动通信的历史上，每代都可以通过一些关键技术来进行定义。例如1G系统使用频分多址接入（Frequency Division Multiple Access，FDMA）并可以提供模拟语音服务。2G系统主要基于时分多址（TDMA）提供数字语音和低数据速率服务。3G系统通过标记码分多址（CDMA）接入，可以实现峰值数据速率从 2Mbps到几十兆比特每秒，并支持多媒体服务。基于OFDMA（Orthogonal Frequency Division Multiple Access，正交频分为址）技术的4G系统可以实现从100Mbps的峰值数据速率到1Gbps，并支持各种移动宽带（Mobile Broad Band，MBB）服务。随着4G大规模商业化，5G成为全球研究和开发的焦点。然而，5G不是一场革命，而是一场进化，频谱利用、核心网以及无线等技术都将发生翻天覆地的变化。

毫米波。5G网络大部分使用30～300GHz范围内的频率，这些频率的波长在1～10mm，因此得名“毫米波”。与工作在低频信号的4G LTE或者最高频率为6GHz的Wi-Fi相比，毫米波频段在单位时间可以携带更多的信息。毫米波技术因为昂贵而一直难以部署，但技术的进步克服了这些困难，这是5G能够使用毫米波通信的主要原因。

毫米波的优势是频段高、频谱资源丰富、带宽很大。另外，频谱高、波长短，所需的天线也更短，更方便在手机等小型设备上搭建多天线的应用。28GHz频率的波长约为10.7mm，一般而言，天线长度与波长成正比，基本上天线的长度是波长的1/4或1/2为最优，因此毫米波越短，需要的天线也就越短。

小蜂窝（small cells），就是小基站（小小区）。相较于传统宏基站，小蜂窝的发射功率更低，覆盖范围更小，通常覆盖10m到几百米的范围。小蜂窝根据覆盖范围的大小一般可依次分为微蜂窝（microcell）、微微蜂窝（picocell）和毫微微蜂窝（femtocell）。毫米波传输的一个缺点是，当它们通过物理对象时，它比Wi-Fi或4G信号更容易受到干扰。为了克服这一缺点，5G基础设施的分布将与4G有所不同。5G毫米波网络将由分布在相距约250m的城市中相对较小的基站供电，从而创建更小的小蜂窝。这些5G基站对功率的要求低于4G，并且可以更轻松地连接到建筑物和电线杆。

MIMO是指多根天线的发送和接收。MIMO并不是一项全新技术，它在LTE（4G）时代就已经在使用了。通过更高阶的MIMO技术并结合载波聚合和高阶调制，业界已经可以让LTE达到千兆级（1Gbps及以上）的速度，达到初期LTE速度的10倍。MIMO技术突破了"香农定理"的限制，跳出了点对点单用户的框架，将单一点对点信道变换成多个并行信道来进行处理，以至于频谱效率主要取决于并行信道数量，从而提升了系统容量和频谱效率。

MIMO技术经历了从SU-MIMO（单用户MIMO）向MU-MIMO（多用户MIMO）的发展过程。SU-MIMO的特点是只服务单一终端，终端受限于天线数量和设计的复杂性，从而限制了SU-MIMO的进一步发展。而MU-MIMO将多个终端联合起来以实现空间复用，多个终端的天线同时使用，大量的基站天线和终端天线形成了一个大规模的信道系统。这是从整个网络的角度更宏观地去思考如何提升系统容量。

5G基站比4G基站小得多，但它们包含更多天线，这些天线基于MIMO技术使用，意味着它们可以同时处理同一数据信号上的多个双向对话。5G网络以这种方式处理的会话数量是4G 网络的20多倍。大规模 MIMO 有望从根本上改善基站容量限制，允许单个基站与更多设备进行对话，这也是5G可以推动物联网被更广泛采用的原因。基于MIMO技术，在同一空间，理论上能够部署更多互联网的无线设备，从而避免网络不堪重负。

波束成形。由于多天线的引入，信号交叉必然会导致相互干扰，这就需要预处理和波束赋形（beamforming）技术。使用这种空间复用技术，全向的信号覆盖变为了精准指向性服务，波束之间也就不会相互干扰了。在相同的空间中提供更多的通信链路，便可极大地提高基站的服务容量。5G基站部署了先进的波束成形技术，使信号定向发射而不是广播，从而可以有效地提高并扩大特定方向的信号强度和范围，而不是像4G那样长时间覆盖整个区域，在一定程度上提升了效率。

信道编码技术。数据编码方案主要有美国人提出的LDPC码（Low Density Parity Check Code，低密度奇偶校验码）、土耳其某大学教授提出的Polar码，以及欧洲的Turbo2.0码。Turbo码主要应用在3G和4G通信中，2016年10月，3GPP在葡萄牙里斯本就LDPC码和Polar码的使用开展了讨论。LDPC码因技术上的优势而占据上风，获得了大量支持者，如三星、高通、诺基亚、英特尔、联想、爱立信、索尼、夏普、富士通、摩托罗拉等。因此，LDPC成为5G移动宽带在数据传输部分所采纳的方案。同年11月，3GPP在美国召开会议，主要讨论5G数据信道短码方案以及5G控制信道方案。最终投票达成的结果：在5G eMBB场景的信道编码技术方案中，长码编码以及数据信道的上行和下行短码方案采用高通主推的LDPC码；控制信道编码采用华为主推的Polar方案。LDPC码的特点是大型封包，适合高传输速率，而Polar码的优势则是可靠性高。因此，Polar码得以成为5G移动宽带控制信道的国际编码标准。

认知无线电（Cognitive Radio，CR）。低频段的频谱资源非常稀缺，而在实际使用中，部分系统并未有效地把频谱利用起来，因此考虑使用认知无线电技术，在不影响主通信系统的情况下，能见缝插针地利用这些频谱。认知无线电可以被理解为获得对周围环境的认知并相应调整其行为的无线电。例如，认知无线电可以在跳转到另一个未使用的频带之前事先进行确定，并将其用于传输。认知无线电是软件定义无线电和人工智能的组合。认知无线电术语是由约瑟夫·米多拉创造的，指的是能够感知外部环境的智能无线电，能够从历史数据中学习，并根据当前的环境情况做出智能决策来调整其传输参数。可以想象，无线电被赋予人类的某种功能，通过观察感知外界，然后决定是否发送以及如何发送信息。

网络功能虚拟化（Network Functions Virtualization，NFV）。NFV是指通过IT虚拟化技术将网络功能软件化，并运行于通用硬件设备上，以替代传统专用网络硬件设备。NFV将网络功能以虚拟机的形式运行于通用硬件设备或白盒上，以实现配置灵活性、可扩展性和移动性，并以此希望降低网络CAPEX（Capital Expenditure，资本性支出）和OPEX（Operating Expenditure，经营性支出）。NFV要虚拟化的网络设备主要包括：交换机（比如Open vSwitch）、路由器、HLR（Home Location Register，归属位置寄存器）、SGSN（Serving GPRS Support Node，GPRS服务支持节点）、GGSN（Gateway GPRS Support Node，网关GPRS支持节点）、CGSN（Gate GPRS Support Node，服务GPRS支持节点）、RNC（Radio Network Controller，无线网络控制器）、SGW（Service Gateway，服务网关）、PGW（Packed Data Network Gateway，分组数据网络网关）、RGW（Rados Gateway，接入网关）、BRAS（Broadband Remote Access Server，宽带接入服务器）、CGNAT（Carrier Grade Network Address Translation，运营商级网络地址转换器）、DPI（Deep Packet Inspection，深度包检测）、PE路由器、MME（Mobility Management Entity，移动管理实体）等。NFV独立于SDN，可单独使用或与SDN结合使用。

软件定义网络（Software Defined Network，SDN）。软件定义网络是一种将网络基础设施层（也称为“数据面”）与控制层（也称为“控制面”）分离的网络设计方案。网络基础设施层与控制层通过标准接口连接，比如OpenFlow（用于互连数据和控制面的开放协议）。SDN将网络控制面解耦至通用硬件设备上，并通过软件化集中控制网络资源。控制层通常由SDN控制器实现，而基础设施层通常由交换机实现，SDN通过南向API（Application Programming Interface，应用程序接口）（比如OpenFlow）连接SDN控制器和交换机，通过北向API连接SDN控制器和应用程序。SDN可实现集中管理，以提升设计灵活性，还可引入开源工具，降低CAPEX和OPEX以及激发创新。

网络切片（network slicing）。5G网络将面向不同的应用场景，比如超高清视频、VR、大规模物联网、车联网等，不同的应用场景对网络的移动性、安全性、时延、可靠性，甚至是计费方式的要求都是不一样的，因此，需要将一张物理网络分成多个虚拟网络，以满足不同的应用场景需求。虚拟网络之间是逻辑独立、互不影响的。只有实现NFV/SDN之后，才能实现网络切片，不同的切片依靠NFV和SDN通过共享的物理/虚拟资源池来创建。网络切片还包含MEC资源及其功能。

多接入边缘计算（Mobile Edge Computing，MEC）。MEC是指位于网络边缘的、基于云的IT计算和存储环境。它使数据存储和计算能力部署在更靠近用户的边缘，从而降低了网络时延，更好地提供低时延、高带宽应用。MEC可通过开放生态系统引入新应用，从而帮助运营商提供更丰富的增值服务，比如数据分析、定位服务、AR和数据缓存等。

回传和前传技术。回传（backhaul）是指无线接入网和核心网之间的链路。光纤是回传网络的理想选择，但在光纤难以部署或部署成本过高的环境中，无线回传可作为光纤回传的替代方案，比如点对点微波、毫米波回传等。此外，无线mesh网络也是5G回传的一个可选方案，在R16里，5G无线本身将具备无线回传技术，即IAB（5G NR集成无线接入和回传）。

前传（fronthaul）指BBU（Building Base band Unit，室内基带处理单元）池连接拉远RRU（Remote Radio Unit，射频拉远单元）的部分。前传链路容量主要取决于无线空口速率和MIMO天线数量，4G前传链路采用CPRI（Common Public Radio Interface，通用公共无线接口）协议，但由于5G无线速率大幅提升、MIMO天线数量成倍增加，CPRI已无法满足5G时代的前传容量和时延需求。为此，3GPP组织正在积极研究和制定新的前传技术，包括将一些处理能力从BBU下沉到RRU单元，以减小时延和前传容量等。

云无线接入网（C-RAN）。将无线接入的网络功能软件化为虚拟化功能，并部署于标准的云环境中。C-RAN概念由集中式RAN发展而来，目的是提升设计灵活性和计算可扩展性，以提升能效和降低集成成本。在C-RAN构架下，BBU功能是虚拟化的，且集中化、池化部署，RRU与天线分布式部署，RRU通过前传网络连接BBU池，再经由BBU池共享资源、灵活分配处理来自各个RRU的信号。C-RAN的优势在于可以提升计算效率和能效，从而易于实现协同多点传输、多无线电接入、动态小区配置等更先进的联合优化方案，但C-RAN面临的挑战是前传网络设计和部署的复杂性。

软件定义无线电（Software Defined Radio，SDR）。SDR可实现部分或全部物理层功能在软件中定义。需要注意软件定义无线电和软件控制无线电的区别，后者仅指物理层功能由软件控制。

在SDR中可实现调制、解调、滤波、信道增益、频率选择等一些传统的物理层功能，这些软件计算可在通用芯片、GPU（Graphics Processing Unit，图形处理器）、DSP（Digital Signal Processing，数字信号处理）、FPGA（Field Programmable Gate Array，现场可编程逻辑门阵列）和其他专用处理芯片上完成。

自组织网络（Self-Organization Network，SON）。SON指可自动协调相邻小区、自动配置和自优化的网络，可以减少网络干扰，提升网络运行效率。SON并不是新鲜概念，早在3G时代就已经被提出，进入5G时代，SON将成为一项至关重要的技术。如上所述，5G时代网络致密化给减少网络干扰和加强网络管理提出了更多挑战，更需要SON来最小化网络干扰并加强管理，但即便是SON恐怕也难以应付超级密集的5G网络系统。因此，还需要上文提到的CR（认知无线电）技术来予以帮助。

设备到设备通信（Device-to-Device，D2D）。D2D指数据传输不通过基站，而是通过一个移动终端设备与另一个移动终端设备的直接通信来实现。D2D源于4G时代，被称为LTE Proximity Services（ProSe邻近服务）技术，是一种基于3GPP通信系统的近距离通信技术，主要包括两大功能：direct discovery，直连发现功能，终端发现周围有可以直连的终端；direct communication，直连通信，可与周围的终端进行数据交互。

在4G时代，D2D通信主要应用于公共安全领域。进入5G时代，由于车联网、自动驾驶、可穿戴设备等物联网应用将大量兴起，D2D通信的应用范围必将大大扩展，同时也会面临安全性和资源分配公平性上的挑战。

波形和多址接入技术。4G时代采用OFDM技术，OFDM具有减少小区间的网络干扰、抗多径干扰、可降低发射机和接收机的实现复杂度，以及与多天线MIMO技术兼容等优点。但到了5G时代，由于定义了增强型移动宽带（eMBB）、大规模机器类型通信（mMTC）和超可靠低延迟通信（uRLLC）三大应用场景，这些场景不但要考虑抗多径干扰、与MIMO的兼容性等问题，还对频谱效率、系统吞吐量、延迟、可靠性、可同时接入的终端数量、信令开销、实现复杂度等提出了新的要求。为此，5G R15使用了CP-OFDM（Cyclic Prefix-OFDM，循环前缀正交频分复用）波形并能适配灵活可变的参数集，以灵活支持不同的子载波间隔，复用不同等级和时延的5G业务。对于5G mMTC场景，由于正交多址（Orthogonal Multiple Access，OMA）可能无法满足其所需的连接密度，于是非正交多址（Non-Orthogonal Multiple Access，NOMA）方案成为广泛讨论的对象。

带内全双工（In-Band Full Duplex，IBFD）。IBFD可能是5G时代最有希望取得突破性进展的技术之一。不管是FDD（Frequency Division Duplexing，频分双工）还是TDD（Time Division Duplexing，时分双工），都

不是全双工，因此都不能实现在同一频率信道下同时进行发射和接收信号，而带内全双工则可以在相同的频段中同时发送和接收信号，与半双工方案相比可以将传输速率提高两倍。

不过，带内全双工会带来很严重的自干扰问题，实现这一技术的关键是要消除自干扰，但值得一提的是，自干扰消除技术在不断进步，已有的一些研究和实验结果已让业界看到了希望，但其面临的挑战是实现复杂度和成本太高。

载波聚合和双连接技术。载波聚合（Carrier Aggregation，CA）通过组合多个独立的载波信道来提升带宽，从而达到提升数据速率和容量的目的。载波聚合分为带内连续、带内非连续和带间不连续三种组合方式，组合复杂度依次增加。

载波聚合已在4G LTE中被采用，并且成为5G的关键技术之一。5G物理层可支持聚合多达16个载波，以实现更高速传输。双连接（Dual Connectivity，DC），就是手机在连接状态下可同时使用两个及两个以上不同基站的无线资源（分为主站和从站）。双连接引入了“分流承载”的概念，即在PDCP层将数据分流到两个基站，主站用户面的PDCP层负责PDU（Power Distribution Unit，电源分配单元）编号、主从站之间的数据分流和聚合等功能。双连接不同于载波聚合，主要表现在数据分流和聚合所在的层不一样。

未来，4G与5G将长期共存，4G无线接入网与5G NR的双连接（EN-DC）、5G NR与4G无线接入网的双连接（NE-DC）、5G核心网下的4G无线接入网与5G NR的双连接（NGEN-DC）、5G NR与5G NR的双连接等不同的双连接形式将在5G网络演进中长期存在。

低时延技术。为了满足5G uRLLC场景，比如自动驾驶、远程控制等应用的需求，低时延是5G关键技术之一。为了降低网络数据包传输时延，5G主要从无线空口和有线回传两方面来实现。在无线空口侧，5G主要通过缩短TTI（Transmission Time Interval，传输时间间隔）时长、增强调度算法等来减低空口时延；在有线回传方面，通过MEC边缘云部署，使数据和计算更接近用户侧，从而减少网络回传带来的物理时延。

低功耗广域网络（Low-Power Wide-Area Network，LPWA）技术。mMTC是5G的一大应用场景，5G的目标是万物互联，考虑到未来物联网设备数量会成指数级增长，LPWA（低功耗广域网络）技术在5G时代将至关重要。一些LPWA（低功耗广域网络）技术正在广泛部署，比如LTE-M（也称为CAT-M1）、NB-IoT（CAT-NB1）、Lora、Sigfox等。功耗低、覆盖广、成本低和连接数量大是这些技术共有的特点，但这些技术特点之间是相互矛盾的。一方面，通过降低功耗的办法，比如让物联网终端发送完数据后就进入休眠状态，或者缩小覆盖范围，来延长电池寿命（通常几年到10年）；另一方面，增加每比特的传输功率和降低数据速率来扩大覆盖范围。因此，根据不同的应用场景权衡利弊，在这些矛盾中寻求平衡点，是LPWA技术需要解决的长期课题。

在4G时代已定义了NB-IoT和LTE-M两大蜂窝物联网技术，它们将继续从4G R13、R14一路演进到5G R15、R16、R17，进而应用于未来5G mMTC场景，成为5G万物互联的重要组成部分。

卫星通信。卫星通信接入已被纳入5G标准。与2G、3G、4G网络相比，5G是“网络的网络”，卫星通信将整合到5G构架中，以实现由卫星、地面无线和其他电信基础设施组成的天地一体的无缝互联网络，未来5G流量将根据带宽、时延、网络环境、应用需求等在无缝互联的网络中动态流动。

1.1.4 5G架构

前几代移动网络的主要目标是为网络用户提供快速、可靠的移动数据服务。5G扩展了这一服务范围，为终端用户提供了跨多个接入平台和多层网络的广泛的无线服务。5G实际上是一个动态、连贯和灵活的框架，包含多种先进技术，支持多种应用。5G采用了更智能的架构，其无线接入网络（RAN）不再受基站邻近性或复杂基础设施的限制。5G引领着向分散、灵活和虚拟RAN的方向发展，新接口创造了额外的数据接入点。

5G网络架构。5G网络架构使用扁平 IP 概念，因此不同的 RAN（无线接入网络）可以使用相同的单个纳米核心进行通信。5G架构支持的RAN有GSM、GPRS/EDGE（General Packet Radio Service，通用分组无线服务）、UMTS、LTE、LTE-advanced、WiMAX、Wi-Fi、CDMA2000、EV-DO、CDMA One、IS-95等，与使用普通 IP 地址的分层架构不同，扁平IP 架构使用符号名称来识别设备。这种架构减少了数据路径中网络元素的数量，从而最大限度地降低了成本并减少了延迟。

5G 核心网络架构。5G 核心网络架构是新的5G规范形成的关键，并可实现5G必须支持的更高吞吐量需求（图1-6）。3GPP 定义的新5G核心采用了支持云、基于服务的架构（Service Based Architecture，SBA），它跨越了所有5G功能和交互，包括身份验证、安全、会话管理和来自终端设备的流量聚合。5G核心进一步强调 NFV是一个完整的设计概念，具有能够使用 MEC 基础设施部署的虚拟软件功能，而 MEC 基础设施是5G架构原则的核心。

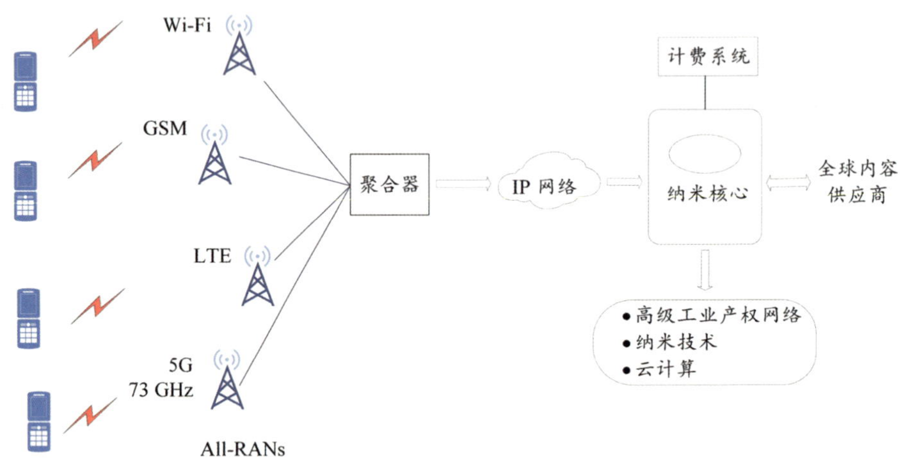

图1-6　5G核心网络架构

伴随着4G向5G转变，核心层面的变化是无数架构变化中的一个变化，包括向毫米波、大规模 MIMO、网络切片以及多样化的5G生态系统的所有其他离散元素的迁移（图1-7）。5G核心与4G演进分组核心网有着显著的不同，

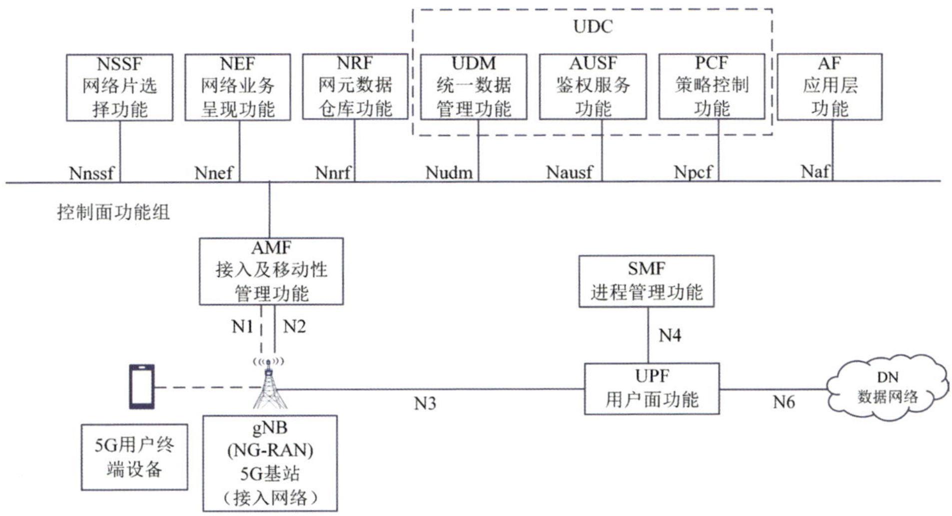

图1-7　5G核心架构

5G核心与以往相比具备利用虚拟化和云本地软件设计的能力。5G核心有别于4G核心，包括将分组网关控制和用户面功能解耦的用户面功能，以及将会话管理功能与连接和移动管理任务分离的接入和移动管理功能。为了弥补4G和5G之间的差距，需要循序渐进的步骤和精心策划的策略。这种转变象征着核心层面从独立模式逐渐过渡到非独立模式5G架构选项（图1-8）。

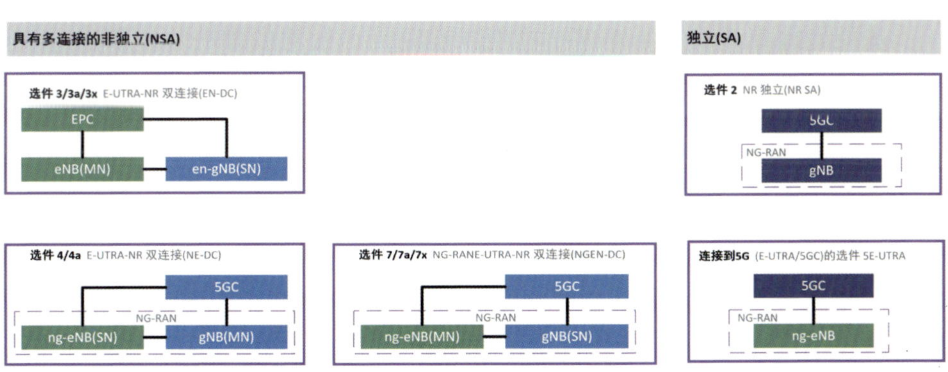

图1-8　5GNR部署架构选件

5GNR部署架构。5G非独立标准于2017年底最终制定完成，利用现有的LTE 无线接入和核心网络作为基准，并增加了5G组件载波。尽管依赖于现有的架构，但非独立模式将利用毫米波频率来增加带宽。5G独立模式本质上是包含新的核心架构和硬件，具有新的特征和功能的全新5G部署模式。随着非独立模式逐渐让位于新的5G移动网络架构的部署，严谨地规划和实施将使这种过渡于用户群而言是无缝对接的。

5G基站无线接入网中的硬件架构。5G接入网的主要硬件是基站（base station），通常包括BBU（主要负责信号调制）、RRU（主要负责射频处理）、馈线（连接RRU和天线）、天线（主要负责线缆上导行波和空气中空间波之间的转换）。4G每个基站都有一个BBU，并通过BBU直接连到核心网。而在5G网络中，接入网不再是由BBU、RRU、天线等组成了，而是被重构为以下3个功能实体：CU（Centralized Unit，集中单元），DU（Distribute Unit，分布单元），AAU（Active Antenna Unit，有源天线单元）。4G原来的RRU和天线合并成AAU，BBU分离成CU和DU，DU下沉到AAU处，一个CU可以连接多个DU。另外，4G原本只有前传和回传两部分，而在5G网络中则演变为三个部分，AAU连接DU部分称为5G前传（fronthaul），中传（middlehaul）指DU连接CU部分，而回传（backhaul）则为CU和核心网之间的通信承载。

基带处理单元BBU的物理结构中，实时性比较强的部分变成了DU，而BBU的非实时性功能则演变为了CU，此外，5G核心网功能下沉到边缘，CU还将承载部分核心网的功能。在这样的原则下，把原先BBU中的物理底层下沉到AAU中进行处理，对实时性要求高的物理高层，MAC（Media Access Control，介质访问控制）层、RLC（Radio Link Control，无线链路层控制协议）层放在DU中处理，而把对实时性要求不高的PDCP和RPC（Remote Procedure Call Protocol，远程过程调用协议）层放到CU中处理。换一个角度说：DU负责独立、实时性要求高的功能；CU负责需要信息汇聚、实时性要求低的功能（图1-9）。

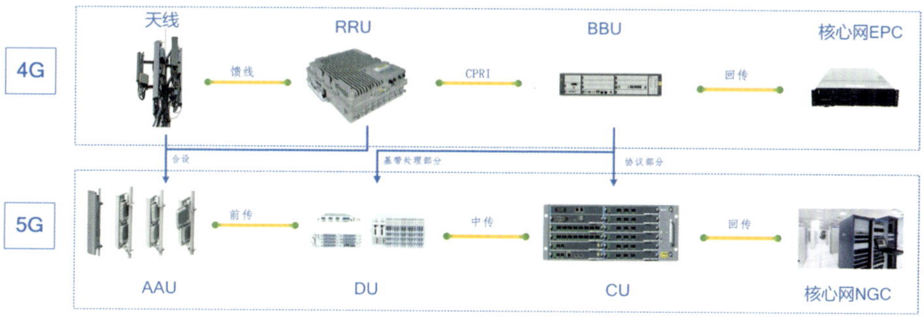

图1-9 4G和5G基站无线接入网中的硬件组成对比

AAU是把RRU和天线融合在一起的设备。5G之所以出现了AAU，其实是因为5G引入了Massive MIMO这个技术，MIMO越高阶，需要的天线越多，天线越多，馈线也就越多，RRU上的馈线接口也就越多，因此工艺的复杂度也就越高。外加上馈线本身还有一定的衰耗，也会影响部分系统性能。也正是这个原因，5G才将RRU和原本的无源天线集成为一体，形成了最新的AAU。集成天线使AAU的体积和重量都要大于RRU，耗电量也有比较大的增加，价格也高了许多（图1-10）。

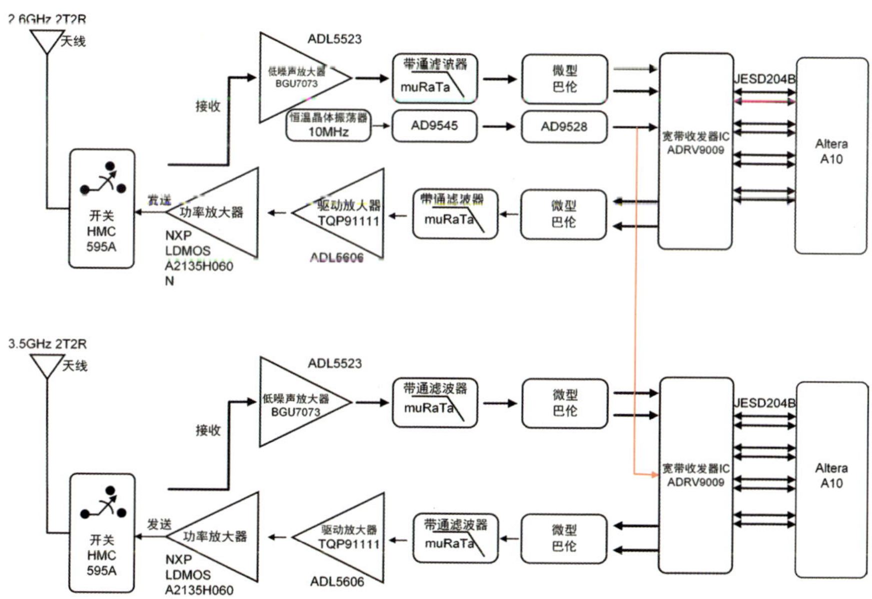

图1-10 5G通信AAU硬件构架

1.2 全球5G技术发展现状及趋势

自1985年移动通信正式商用以来，无线移动通信逐步成为带动通信产业快速发展的增长点，尤其是近十年来新型智能手机的大规模应用，更是极大地促进了移动通信应用业务流量的爆发式增长。2017年12月，3GPP正式发布5G非独立组网标准；2018年6月，3GPP 5G NR标准独立组网方案正式制订完成并发布，这标志着全球首个面向商用的5G标准正式出台。当前，全球多家运营商均正式推出5G网络，5G商用进入全面冲刺阶段。另外，移动互联网业务量迅猛增加，新的业务需求以及巨大的数据流量压力对未来移动通信场景提出了高容量、更强覆盖的需求。为满足未来海量连接、超大带宽、超低时延的移动通信发展需求，5G的无线空口、移动网络架构、组网技术等方面都将发生革命性的变化，开发利用毫米波、太赫兹、可见光等新的频谱资源迫在眉睫。5G的应用范围还将从目前的人与人的通信拓展至人、机、物的协同通信、超密集连接物联网、车联网以及工业互联网等更为广泛的领域。

1.2.1 美国

美国AT&T和Verizon公司，以及Sprint和T-Mobile公司，决定了美国在5G行业领域的进展情况。这些公司在5G的业务模式、推出时间表以及使用频谱等方面具有多样化。2019年11月，AT&T推出了低频段的网络；T-Mobile在一个月后推出了基于600MHz频率的5G全国网络，并于2020 年8月推出了全球首个独立5G网络；同时，Verizon 宣布在接下来的一个月中增加毫米波的频谱资源用于5G发展。2020年，T-Mobile收购Sprint后，T-Mobile的600MHz频谱与Sprint的2.5GHz频谱进行了合并。随着苹果首款5G手机——iPhone 12的推出，Verizon 推出了利用DSS（Dynamic Spectrum Sharing，动态频谱共享）提高全国5G网络覆盖范围的部署模式。虽然Verizon的部署最初因其速度缓慢而受到很多批评，但不久其5G平均速度就达到接近AT&T和T-Mobile的速度了。

美国三大运营商都拥有各自的低频段和高频段频谱，唯一拥有充足中频频谱的运营商是 T-Mobile，它在大多数频段上平均拥有150MHz的频谱资源。T-Mobile和Sprint的合并使得T-Mobile在所有运营商中拥有最大的5G频谱资源，从而引发了一场疯狂的C波段资源的拍卖。迄今为止，AT&T和Verizon以及Dish、Comcast、Spectrum、T-Mobile和其他公司已经在频谱上花费了超过810亿美元。

当前，T-Mobile积极推广具有载波聚合和独立5G的2.5GHz和600MHz频谱资源，其中600MHz低频段网络作为其网络的覆盖层，而2.5GHz频段将作为容量和带宽层，在这样的配置下，网络下载速度可以达到500～600Mbps。此外，在FDD和TDD频段之间进行载波运行，性能还可以进一步得到提高。T-Mobile的中低频段运行显示，当通过ENDC（E-UTRAN 新无线电-双连接）与4G和LAA（Licence Assisted Access，许可辅助接入）相结合时，可以提供超过1Gbps的速度。与Verizon一样，AT&T的5G部署也是从毫米波开始的，其最初将5G毫米波定位为仅用于商业。然而，之后该公司迅速转向低频段5G，并且在娱乐应用之外并未过多提及毫米波。AT&T是C波段拍卖中的第二大竞标者，这将使AT&T和T-Mobile 竞争所需的中频段频谱资源。应用显示，AT&T的5G网络相对较快，大约处于200～300Mbps范围内，但远不及Verizon的毫米波或T-Mobile的2.5GHz频段。Verizon的网络速度随着覆盖范围的扩大而下降，而T-Mobile的网络速度随着推出的2.5GHz频段而相应提高。随着频谱频段的增加，AT&T的低频段已被证明比T-Mobile 的速度更快，但覆盖区域更小。

在核心器件领域，以5G调制解调器为例，美国高通公司（简称高通）目前的产品线从4nm工艺的旗舰款X65开始，这也是该公司首款调制解调器。这款分立式3GPP Rel.16调制解调器是世界上第一个速度能够达到10Gbps的5G调制解调器，与X65一同发布的X62，同样采用4nm工艺和3GPP Rel.16，同时还支持毫米波和Sub-6G聚合，但速度最高只能达到4.4Gbps。X62将成为支持所有最新3GPP Rel.16功能的主流或入门级调制解调器，并将在物联网应用中广受欢迎。骁龙X60是美国高通公司于2020年2月发布的第一个5nm调制解调器，X60符合3GPP Rel.15标准，峰值下载速度为7.5Gbps，上传速度高达3Gbps。X60被使用在大多数旗舰Android 5G手机中。高通还有X55，2020年推出后被应用到了包括iPhone在内的大多数5G旗舰手机中。除了X65、X60和X55高端5G调制解调器之外，美国高通公司还拥有X52和X515G调制解调器，它们被装在其中端和入门级SoC中。苹果在这个领域的地位较为独特，其在放弃与英特尔的5G调制解调器合作之后，开始与美国高通公司合作，预计将在2025年拥有自己的调制解调器，并能将其集成到其SoC中，以进一步降低成本和功耗。苹果走这条路的最大动机之一是分摊调制解调器开发成本并推动云和服务使用量的增加。

此外，在射频前端（Radio Frequency Front End，RFFE）领域，美国高通公司也具有极强的竞争力，射频前端业务每季度的营业额超过10亿美元。高通的RFFE业务包括为智能手机和其他设备构建的一系列天线和滤波器模块。高通将其RFFE产品与其调制解调器紧密结合，以最大限度地提高产品性能和电池寿命。高通还为不同的5G频段以及包括工业和汽车（除了智能手机）在内的应用场景生产5G滤波器和双工器。Qorvo是全球领先的射频组件供应商之一，在其基础设施和移动业务之间拥有数十种5G产品。虽然Qorvo有新产品来应对当今用于5G的新3.3～4.2GHz频段，但该公司没有任何毫米波移动模块或天线，唯一的毫米波5G产品是针对基础设施的。Skyworks公司的一系列产品结合了前端模块、功率放大器和开关，可支持3G、4G、5G并适用于不同的5G应用。与Qorvo一样，Skyworks目前尚未提供任何移动毫米波5G选项。苹果公司也在开发和使用5G组件，iPhone 12机型中的毫米波5G天线模块实际上由苹果设计，并由环旭电子负责制造。

1.2.2 欧盟

欧盟在2018年12月通过了《欧盟电子通信规范》（*European Electronic Communications Code*，EECC），其监管框架中增加了连接目标，包括为城市地区和主要地面交通道路提供不间断的5G覆盖。要求所有成员国必须清除

5G“先锋”频段（700MHz、3.5GHz和26GHz），并在2020年底重新分配这些频谱资源。然而，目前只有9个成员国公布了5G行动计划，分别为奥地利、法国、芬兰、荷兰、西班牙、瑞典、德国、卢森堡和英国。截至2019年初，欧洲28个成员国共进行了约138次5G试验。然而，5G“先锋”频谱中只有7%被分配，700MHz频段的82%、3.5GHz频段的87%和26GHz频段的96%以上仍未被分配。

5G行动计划最终于2017年12月得到欧盟理事会的确认。该计划的目标是到2020年，在每个成员国的一个主要城市（称为5G试点城市）试行商业5G。候选城市要宣布自己的5G试验和试点计划。到2018年8月底，5G行动计划至少列出了35个试验城市，其中包括阿姆斯特丹、阿威罗、巴塞罗那、巴里、柏林、布里斯托尔、埃斯波、根特、拉奎拉、伦敦、马德里、马拉加、马泰拉、米兰、奥卢、帕特雷、普拉托、斯德哥尔摩、塔林、都灵、贝尔福特、波尔多、杜艾、格勒诺布尔、兰尼翁、里尔、里昂、马赛、南特、索菲亚-安提波利斯、图卢兹。至少有45个试验城市参与该计划，未来还将包括巴黎等10个城市，如切蒂隆、利纳斯-蒙莱和萨克莱。5G试点城市的作用是承载技术，展示服务，收集垂直行业的使用案例。

为测试合作互联和自动移动项目的5G实时连接情况，欧盟已经建立了10条“数字跨境走廊”。作为欧洲5G垂直战略中的典型使用案例，欧盟现在正考虑在欧洲运输路线上部署5G。其长期目标是围绕车辆建立完整的生态系统，以完善目前欧洲智能运输系统（Intelligent Transportation System，ITS）路线图所针对的安全服务。

欧盟5G的进展相当不错。首先，欧洲有诺基亚和爱立信两大网络设备生产商，它们持有全球约50%的电信业务，其次，欧盟有半导体供应商，例如ARM（Advanced Risc Machines）和NXP（思智浦）。此外，欧盟还拥有5G国际标准ETSI/3GPP的关键机构，这也就意味着索菲亚-安提波利斯（Sophia Antipolis）是其背后的技术、标准和专利的情报中心。

欧盟5G的部署并不具备中国或亚洲其他国家无须公众同意就可以授权

部署的优势，也没有美国部署小型基站必须克服市和州两级法律的挑战。欧盟政府在指挥经济中的推动作用，使政治权力下放至地方当局一级，从而具备了显著的竞争优势。根据EECC第57条，欧盟正在制定小型无线接入点部署制度，目标是从2020年起实现无许可证安装。

1.2.3 中国

我国移动通信的发展经历了“1G空白、2G跟随、3G突破、4G同步”，正在逐步实现“5G引领”。第一代移动通信，我国参与较少；第二代移动通信，我国引进了国外主要的通信产品和技术；第三代移动通信，我国开始大力支持自主研发和制造生产，并自主研发了TD-SCDMA技术，同步实现了移动通信的语音、数据、视频等多媒体业务；第四代移动通信，我国自主研发的TD-LTE与国外研发的FDD-LTE成为4G的两种主流制式，并在制定标准、产品创新及网络运营方面占据主要地位，进一步提升了多媒体业务的用户体验；现阶段，我国对第五代移动通信技术的推动、引领作用日益显现，国内多家企业、科研机构与高校联合，共同开展5G关键技术、系统框架、频率需求、业务应用与场景等的调查与研究，为5G标准化奠定了较为坚实的基础。

在中央政府的支持下，我国早已在5G领域开始协调产业研发和部署工作。自2015年以来，通过中国移动、中国联通和中国电信的市场推动，5G投资持续进行。2019年6月，国内正式发放5G商用牌照，并于2020年大规模推出5G网络和终端。

关于5G的频谱资源，国内的各大运营商分配到的5G频谱主要为：

中国移动在2.6GHz频段上拥有2515～2675MHz的160M带宽，其中2515～2615MHz（100MHz）用于部署5G，2615～2675MHz（60MHz）将用于部署4G，中国移动还拥有4800～4900MHz（100MHz）的5G频段，或将用于5G补热、专网等。中国电信拥有3.5GHz频段的3400～3500MHz（100MHz），而中国联通拥有3.5GHz频段的3500～3600MHz（100MHz）。此外，中国广播电视网络集团有限公司（以下简称“中国广电”）作为新加入的运营商在4.9GHz频段（4900～5000MHz）也拥有100MHz带宽。而3.3GHz频段（3300～3400MHz）由中国联通、中国电信、中国广电共同使用。其中，中国电信和中国联通的5G频段是连续的，因此两家已宣布将基于3400～3600MHz连续的200MHz带宽共建共享5G无线接入网。中国移动和中国广电也已宣布共享2.6GHz频段5G网络，并按1：1的比例共同投资建设700MHz 5G无线网络，共同所有并有权使用700MHz 5G无线网络资产。根据3GPP协议，5G通信的毫米波频段（FR2：24250～52600MHz）是5G的扩展频段，频谱资源丰富，采用TDD模式，最大带宽支持400MHz。FR2的优点是超大带宽、频谱干净、干扰较小，可作为5G后续的扩展频率。此外，增加载波带宽是增加系统容量和加快传输速度最直接的方法，今后5G最大载波带宽将会达到400MHz甚至更高。目前国内用于5G的毫米波频谱规划尚未正式发布。

当前，国内的5G网络发展初具规模，在新冠肺炎疫情得到有效控制之后，电信运营企业迅速启动5G建设大规模招标，在推进5G网络建设上取得了显著的成绩。一是建成了全球最大规模的5G商用网络。截至2021年2月底，国内已累计建设5G基站超79.2万个，5G终端连接数已达2.6亿。5G网络建设呈现出东部沿海地区领先于内陆地区、南方领先于北方的特点。广东、江苏、浙江、河南、山东、上海、北京、四川、重庆等省市的5G基站建设数量均超2万个。二是独立组网率先实现规模商用。2020年11月7日，中国电信宣布5G独立组网规模商用，将在全国超过300个城市规模商用5G SA。同年11月20日，中国移动也宣布实现5G独立组网规模商用。中国联通正在加紧从5G NSA向5G SA过渡。5G SA规模商用为端到端网络切片技术以及面向行业的应用创造了基础条件。三是网络性能显著提升。与4G网络相比，5G网络的上下行速度明显提升，用户体验获得明显优化。2020年8—10月，中国信息通信研究院在全国14个重点城市开展了移动网络质量专项评测，结果显示，14个城市中有10个城市的下载均值速度超过800Mbps、上传均值速度超过100Mbps。2021年2月底，独立组网模式的5G网络已覆盖所有地级市。四是虚拟专网探索取得积极进展。5G行业应用对行业专网具有巨大的需求。行业专网目前分为专用频率专网和虚拟专网两类典型组网模式。其中，虚拟专网是指基于现有5G公网构建的，按需实现软硬件隔离，同时向行业用户提供部分网络管理、监测、独立开户等权利的虚拟网络，具有网络覆盖定制化、安全性高、性能精准优化、运维管理自主化、成本较低等优势。我国尚未分配行业虚拟专网频段，政府鼓励产业界积极探索5G行业虚拟专网。五是共建共享不断深化。中国电信与中国联通签署了"5G网络共建共享框架合作协议书"，历经1年，双方累计建设、开通5G基站超30万个，初步估算可为双方节省建设投资超600亿元。2020年5月20日，中国移动与中国广电签订了有关5G共建共享合作框架协议。伴随着4家基础电信企业持续推进共建共享相关工作，我国5G网络建设进程开始加快，进而实现5G高速网络服务惠及广、覆盖深、时间快、投资少的效果。

5G产业链主要包括5G技术、5G网络、5G终端和5G应用，其中，基站建设为5G网络的基础。高端芯片发展较慢，为5G产业链的薄弱环节。5G产业链的代表企业主要分布在广东、北京、江苏、上海、浙江等地区。5G产业链上游由构建5G网络的核心技术和5G网络的基础设施构成，中游为应用5G网络的终端，下游为5G网络运营维护和应用。其中，上游的接入网、承载网和核心网是5G网络的三大组成部分，网络工程建设包括网络的规划设计和工程施工，属于通信网络生命周期的前半部分。中游的5G终端目前主要有手机终端、可穿戴终端、物联网终端等，其中应用最广泛的是手机终端。下游的组成部分有系统集成、网络运营、网络优化与维护、应用场景。目前，5G的主要应用场景有车联网、VR/AR、工业互联网、物联网等领域。5G基站是5G网络的核心设备，可提供无线覆盖，实现有线通信网络与无线终端之间的无线信号传输。要想发展5G产业经济，必须加快5G基站建设进程，才能加速5G关键技术向物联网、车联网和工业互联网等垂直行业渗透融合。基站主要包括基站天线、基站射频、基站光模块、小微基站等，其中基站射频器件包含滤波器、PCB（Printed Circuit Board，印制电路板）、集成功率放大器（Power Amplifier，PA）、天线振子等。在5G基站建设环节中，中国诞生了一批具有国际竞争力的龙头企业。如基站天线领域的立讯精密、华为、信维通信、东山精密等，射频材料领域的三安光电、飞荣达、瑞盛科技等，滤波器领域的长电科技、大富科技、通宇通信等，PCB领域的深南电路、沪电股份、景旺电子等，功率放大器领域的武汉凡谷、卓胜微、硕贝德等。值得注意的是，中国5G产业虽然发展得较好，但仍存在核心技术受制于人和部分关键零部件依赖进口的问题，特别是中国的5G高端芯片及技术受制于人。美国、日本等发达国家基于长期积累，5G产业链的核心环节已经占据较大的市场份额，而过去长期依赖进口的中国在芯片设计、EDA（Electronic Design Automation，电子设计自动化）工具软件等方面仍处于劣势地位。因此，国产替代进程有望加速，助力5G产业加速发展，推进我国5G进程全球领先。

2020年中国电信、中国联通分别规划453亿元、350亿元用于5G相关投资，中国广电正通过“全国一网”整合、推动700MHz频段频率迁移等措施加快5G网络的建设步伐。2021年，中国四大电信运营商将持续加大5G网络投资力度，预计投资金额将是2020年的1.5～2倍，5G通信产业规模将超过5000亿元，较2020年增长约150%。其中，射频产业方面市场规模将达到150亿元，光通信产业方面市场规模将达到1000亿元。2020年《工业和信息化部办公厅关于推动工业互联网加快发展的通知》（工信厅信管〔2020〕8号）、《工业和信息部关于推动5G加快发展的通知》（工信部通信〔2020〕49号）等文件，要求“改造升级工业互联网内外网络，鼓励行业研究5G毫米波频段，探索基于5G行业专用频谱的专网建设，以推动工业互联网在更广范围、更深程度、更高水平上融合创新”。“开展面向工业互联网领域的5G专网建设是我国工业数字化转型的必经之路。”可以预测，2021年工业互联网领域的5G专网有望获得试验用频段，有关建设工作将会进一步提速。

我国台湾地区也在投资5G。台湾的5G战略和驱动力使台湾成为全球半导体制造中心。因此，加工能力必须满足客户（Apple、MediaTek、Qualcomm）在5G数字处理器和高频无线电调制解调器等集成电路设计的要求，同时也必须和台湾本地的宽带网络的发展相匹配。2020年2月,台湾运营商完成第一轮5G频谱拍卖，正式进入5G时代。2020年7月份开始，台湾运营商陆续开启5G商用。截至2021年5月底，台湾5G用户数量已经接近300万，渗透率突破10%。同时，台湾运营商也公布了2021年下半年5G发展计划，年底相比上半年用户量要实现翻倍增长。此外，台湾通信业主管机构NCC表示，2021年底前将发放5G专网牌照，包括4.8～4.9GHz频段共100MHz频宽，并开放电信运营商在内的企业和创业公司牌照申请。

在技术供给方面，台湾的研发工作是针对半导体产业的。台湾将资金主要用于5G芯片组、智能手机、小型手机基站、云自组织网络、软件定义网络、边缘计算等产品的研发。目前台湾正在探索垂直部门的5G项目建设，例如工厂自动化系统项目。目前，台积电已经在芯片处理器方面生产了首款5G无线电调制解调器和高通5G系统，这可能是为应对全球在芯片和器件在5G领域大幅增长的需求。

1.2.4 亚洲其他国家

亚洲除了中国外，日本、韩国、新加坡等国家也在积极开发5G技术和布局5G网络。

自2016年起，日本政府通过了5G路线图，承诺发布更多频谱。日本内务和通讯部已承诺花费约3亿美元以推广5G和未来的技术，如物联网、机器人等。2019年4月，日本为现有三大网络运营商和初创公司Rakuten（正从电子商务巨头演变为新的无线电信运营商）分配了5G服务频谱，日本的5G逐渐进入大众视野。其中NTT DOCOMO获得28GHz、4.5GHz和3.7GHz 频段下400MHz、100MHz和100MHz的带宽，共计600MHz；KDDI获得28GHz和3.7GHz频段下400MHz和两个100MHz的带宽，共计600MHz；软银和Rakuten也在类似KDDI的频段下，均获得了400MHz和100MHz的带宽，共计500MHz。在部署前几代无线网络方面，日本有早期领先的优势，但随着美国和韩国运营商纷纷推出5G服务，日本开始处于落后地位。

日本的三大网络运营商以及Rakuten都承诺到2022年建立全国范围5G网络，最初的服务已从2020年开始上线。在技术领域，日本NTT DOCOMO与NEC于2018年5月30日宣布开展合作，两个基站之间采用了128元天线的波束成型技术，并声称这是世界上第一个成功的5G通信，通过与8名用户原型5G手机进行通信，获得了最大达到5.5Gbps的吞吐量。日本于2014年开始进行5G试验，至今已有7年的研究经验，但是最近减少了相关的宣传，这也表明这项技术的实现时间将比之前认为的要长得多。

在5G元器件领域，日本的Murata（村田）公司是移动行业的大型组件供应商，同时它在5G市场上也有大量射频前端组件，仅智能手机业务就有12种不同的产品类别。另外，Murata 还拥有14种不同的蜂窝射频产品、70种不同的SAW（Surface Acoustic Wave，声表面波）双工器和175种不同的SAW滤波器。虽然 Murata目前没有任何毫米波产品出货，但它设计了一款支持28GHz 的毫米波5G天线集成模块，同时也在开发IC（Integrated Circuit，集成电路）前端、封装和天线。

韩国中央制定的ICT（Information and Communication Technologies，信息和通信技术）产业政策要求尽早支持高科技出口，因此政府和相关产业公司现在准备尝试引领商业5G产品，实现全球销售。为了支持早期5G移动服务的推出，2018年6月，韩国政府拍卖了3.5GHz和 28GHz 范围内的频谱频段。此外，韩国科学和信息通信技术部承诺，如果MNOs（移动网络运营商）共同努力推出5G并共享一个共同网络，它们将享受“无限”的税收优惠。三星还表示，将为运营商提供5G硬件，以便从2018年12月开始提供5G加速，并于2019年3月全面实现商业化。2018年2月，韩国的冬奥会试点演示成为KT（韩国电信公司）等MNO早期5G投资和试验的焦点，实验显示，其20Gbps的网络延迟在1ms以下。

韩国商业5G最初计划于2019年3月推出，SK电信、KT公司和LG Uplus都参与了5G的推出。运营商同意在一天同时启动5G商业运营。然而，在共享推出日期达成协议后不久，SK电信、LG Uplus和KT公司就于2018年12月1日在多个城市推出了针对某些大企业客户的5G服务。2018年的原型服务主要在首尔、釜山和其他5个城市的部分地区提供，且该部署并不适用于智能手机，真正配备5G的移动设备于 2019 年 4 月才发布。

在5G技术领域，韩国最大的公司三星也积极参与，基于其大规模集成业务，使芯片组可以为5G服务。相比3.5GHz而言，三星更希望采用28GHz频谱，因为它拥有更宽的频带资源，将是5G独立部署的基础。此外，三星希望将其5G的新系列无线电调制解调器芯片和物联网传感器大量销售给下一代5G产品的行业，并从中获得利益。在许多方面，韩国发展5G的动机也与其他国家大不相同，其目标是完善5G设备产品，特别是芯片组。韩国在集成电路技术、工艺和工厂方面处于领先地位。仅次于三星的第二大生产公司SK Hynix正在建立新的生产中心，预计投资1070亿美元建设4个新工厂，用于RF（Radio Frequency，射频）电路和内存芯片的生产。因此，韩国的目的是迅速推出5G网络，以完善其5G芯片组领域。

新加坡信息通信媒体发展局（Infocomm Media Development Authority，IMDA）正在将新加坡的5G工作朝着一个特定方向推进，即面向垂直行业——高科技制造（半导体和数字设备制造和组装）、飞机维修、金融服务等行业。IMDA规范促进5G的推广，它支持5G开发，在工厂和工业区等园区的实验室进行针对性的试点，并吸引垂直部门、设备供应商和当地运营商参与。新加坡中央组织基于政府的支持制订了相当具体的5G计划，将5G作为产业来支持基站设施运作。然而，此计划未考虑消费部分，而是通过布局各种小型基站并使用现有技术提供一些扩展，共享有许可和无许可频谱的频谱资源。此外，对于相对拥挤城市位置的小型蜂窝基础设施扩展，主要基于Wi-Fi和LTE技术部署在地铁站、购物中心、步行区等地区。从本质上讲，新加坡正在尝试使用5G高密度化的小基站通信技术。

在频谱管理方面，IMDA对新加坡工业界的5G技术和服务试验免除了频谱资源费用。这类5G试验可使用现有的 IMDA 技术试验和市场试验框架。一般来说，TT可以用于任何电信服务的设备测试和研发，而MT可用于评估新加坡未来商业部署或提供的新技术、服务或产品的商业潜力。因此，TT必须在非商业基础上进行。2016年，全球首个端到端低延迟网是新加坡电信与爱立信一起构筑并率先在东南亚展示的5G网络。为此，IMDA特别为5G提供了15个频谱频段，为1427MHz～80GHz（不包括800MHz频段）。当前进行毫米波实验的目的是了解5G部署在更高频率范围的传播特性和性能。2018年底，在新电信和爱立信的推动下，在新加坡电信中心测试了新加坡首个5G试点。根据5G技术的3GPP标准，也对无人机和自动驾驶车辆技术进行了测试。该试验的频谱由IMDA分配给试点网络，该网络可通过增强移动宽带（eMBB）速度和低延迟提供5G覆盖。

毫米波应用于5G是必然趋势之一。目前，全球范围内频段、频谱等方面存在很多交叉，从长远来看，一个完整的5G网络应该是独立的，即需要将低、中、高频段频谱整合在一起。4G 主要依赖低频段频谱，跨越700～2100MHz，5G的范围从600MHz～47GHz——具有不同特性的更广泛的频谱阵列。中频段是5G的黄金频段，可以比毫米波传输更远的距离，并且比低频段频谱具有更大的容量和更高的速度。将低频段与中频段频谱聚合可扩大中频段频谱的覆盖范围，这是因为上行链路/上传是连接中最薄弱的环节，如果将上行链路卸载到低频段，则可以扩大更高频段的覆盖范围。运营商能利用毫米波（高频段）来缓解体育场、商场和其他人员密集场所等密集区域的网络拥堵。毫米波可以通过固定宽带向家庭或小型企业提供千兆宽带，虽然早期的部署和设备并不出色，但毫米波通信的传输速度是令人满意的。此外，毫米波技术针对人员密集的场所，例如音乐会场馆或体育场馆，提供的容量和带宽量绝对是不二之选。

载波聚合技术可以有效提升5G网络的性能。载波聚合可以将多个载波聚合成一个更宽的频谱，同时也可以把一些不连续的频谱碎片聚合到一起，从而更好地满足LTE、LTE-Advanced以及5G系统频谱兼容性的要求。使用载波聚合技术不仅能加速标准化进程，还能最大限度地利用现有设备和频谱资源。得益于更宽的频谱，载波聚合最直接的好处就是传输速度的大幅度提升，以及延迟的降低，此外，还能有效改善网络质量，提升吞吐量，从而使网络负载更加均衡，尤其是在负载较重的时候均衡效果会更明显。2020年9月22日，MediaTek和爱立信共同完成了Sub-6Ghz频段下的5G SA载波聚合测试。测试通过在3.5GHz TDD 频段的100MHz + 100MHz 的双载波聚合带宽下，达到了接近2.66Gbps的峰值速度，展示了MediaTek天玑 1000+在5G方面的灵活性和可扩展性，有利于支持全球运营商布局多个频谱信道。此外，MediaTek和爱立信还对非独立组网（Non-Stand Alone，NSA）和独立组网（Stand Alone，SA）的两个20MHz载波进行了 FDD 频段（Sub-2.6GHz）的载波聚合测试，将支持运营商实施更广泛的5G部署，并通过聚合FDD频谱资源，在全国范围内提供超过 400Mbps 的下行速度。测试表明，无缝聚合的5G连接可以为用户提升平均超过30%的吞吐量，并能让运营商更有效地管理5G容量。随着5G从早期的城市部署扩展覆盖范围到更广泛区域，载波聚合技术将成为扩展中、高频段5G覆盖范围的关键技术，支持数据以更快速度进行传输，并具备更强的性能。

1.3 5G应用展望

当前，全球新一轮科技革命和产业变革深入推进，信息技术日新月异。5G与工业互联网的融合将加速数字中国、智慧社会建设，加速中国新型工业化进程，为中国经济发展注入新动能，为疫情阴霾笼罩下的世界经济创造新的发展机遇。希望与会代表围绕“智联万物、融创未来”主题，深入交流，凝聚共识，增进合作，更好赋能实体、服务社会、造福人民。

——习近平主席致2020中国5G+工业互联网大会的贺信

5G后续国际标准的演进方向有3个，一是满足于物联网的应用需求，为工业互联网、5G车联网、医疗等特定物联网领域的不同场景及应用提供更精准的技术方案；二是支持更多中频和更高频段，支持6GHz等潜在中频段，并探索支持更高工作频段，目标频段预计将达到100GHz；三是推进5G与人工智能的深度融合，利用人工智能技术提升5G网络效率，支持5G网络更高效地承载人工智能应用。5G技术标准的持续演进，将进一步释放5G潜能，赋能各行各业，为我国5G新基建注入新动能，支撑经济社会数字化、网络化、智能化转型发展。

工业互联网。全球5G工业物联网市场规模预计将从2020年的5亿美元增长到 2026年的157亿美元，预测期内复合年增长率（Compound Annual Growth Rate，CAGR）为79.1%。推动5G工业物联网市场增长的主要因素包括：制造业物联网设备数量增加导致数据流量增长、制造业对高可靠性和低延迟网络的需求增加、制造业M2M（Machine to Machine，机器与机器）连接数量增长以及对关键设备进行预防性维护的需求不断增加。5G工业物联网的硬件部分包括5G模块、网关、传感器和芯片。随着对 5G工业物联网的需求不断增长，5G物联网模块成为5G工业物联网市场硬件部分的主要组件之一。处于领先地位的物联网模块供应商也在探索如何在市场上定位特定产品。组件和模块供应商都在投资研发新产品，同时考虑将芯片组用于制造业。除了开发5G模块之外，供应商还在其他方面寻求创新，例如制定减小设备尺寸以及与其他模块集成的策略。在制造业中，先进的传感器、控制系统和软件应用程序协同工作，使得在成品进入生产线时可以获取和共享实时信息。托管服务提供商（Managed Service Provider，MSP）将所有业务职能和用户联系起来，为他们提供与智能设计、运营和维护相关的信息，并提供更高质量和安全性的服务。

大型企业越来越需要部署5G工业物联网解决方案和服务，以有效管理其分布在不同地区的大量资产。高采用率是指大型企业具有可负担性和高规模经济性的特点，使组织能够利用5G工业物联网解决方案和服务。目前许多大公司正在通过与电信运营商合作的方式以更快的速度部署服务来推出5G模块。5G技术有可能为工作场所和劳动力管理带来前所未有的变革。5G与物联网一起，可以使劳动力管理活动自动化，例如安排任务以及将现场资源和设备分配给各个制造车间的不同员工。在离散行业，支持物联网的智能互联产品提供了一种增加产品功能并为客户创造附加价值的方法。5G 技术增加了整体带宽，并允许大量物联网设备连接，从而帮助离散制造商提高生产力。5G工业物联网解决方案有望通过在物联网设备之间提供更高的连接性来提高离散制造过程的运营效率。

加密货币。具有有形UX（User experience，用户体验）的加密钱包可作为通往未被开发的数字金融基础设施世界的门户，5G是实现这一愿景的支柱。5G可以在很大程度上降低用户加密的复杂性。5G和加密货币提供了一个有前景的组合的潜力。加密可以保护移动银行网络，从而进一步保护细粒度交易。

区块链。“5G和区块链相互赋能，按下数字经济的加速键”，5G和区块链两者间有着天然的互补性。一方面，5G时代，区块链将迎来万亿级规模的市场机遇。据Gartner的科技成熟度预测，在5G的协同作用下，未来5年内，区块链技术的采纳度会达到一定水平，将产生万亿美元级别的经济效益。因为在5G的加持下，区块链的潜力可以得到更充分的释放，显而易见的原因有两点。其一，5G可以极大提升区块链的性能。5G全新的网络架构可以帮助区块链促进对网络资源的充分利用。区块链的数据同步效率、网络通信速度等都会得到明显提升。其二，5G技术的发展可以扩展区块链的应用范围。区块链产业商业化应用的一大瓶颈就是物联网基础设施的不成熟。而5G技术的发展和普及，可以为区块链在物联网中的应用扫清最大障碍。另一方面，区块链赋能5G将会给5G带来数据安全和共享质量上的提升。区块链技术可以通过加密的手段实现数据隐私保护、历史记录防篡改、可追溯等功能，有益于5G实现真正的点对点价值共享与流通。同时，5G的超密集异构网络结构需要大量的小基站来进行支撑，这就需要通信运营商通过区块链去中心化、安全、智能合约的特性实现5G的快速落地。5G和区块链之间存在着广阔的协作空间，也同时都有着强烈的相互赋能的需求。5G和区块链的相互赋能，已经成为一种必然趋势。

5G和区块链相互赋能将会成为数字经济进一步高速发展的助推器，5G+区块链将加速双方应用场景的落地，可以让双方形成巨大的互补效应，发挥出1+1＞2的巨大效能，可以极大地促进数据价值深度挖掘，可以提高数字经济的底层生产力。5G和区块链的相互赋能有望突破过往技术发展的限制，让产业数字化、智能化的强大生产力得以充分释放。

智慧城市。智慧城市是指通过使用数字和电信技术提高传统网络和服务效率以造福居民和企业的地方。鉴于新冠肺炎疫情的影响，截至2020年，智慧城市需要为公民创造更安全、更高效的环境。由于封锁、旅行限制和大量感染，智慧城市面临比以往任何时候都更大的压力，政府、企业和人民一直都在努力应对。5G赋能智慧城市创新，为城市发展提供更快的数据传输速率、更大的流量容量、超低延迟和高连接密度。5G网络、物联网、云计算、大数据分析和下一代地理信息系统等关键技术逐步在实际应用中进行试验和实施。这催生了新的使用场景和管理模式的创新，为智慧城市带来更多可能。

5G彻底改变了我们在智慧城市中的出行方式，通过实时传递交通状况和公共交通服务的信息，为城市交通更安全、更快、更灵敏响应铺平了道路。5G带来的最大变化将是使具有自动驾驶功能的公共交通混合模型成为可能，从而产生前所未有的数据量和效益。此外，5G通过丰富技术资源实现了V2X，并由此催生了“云-应用-终端”一体化通信、监管和决策网络，以及新的传输架构，为创新应用铺平了道路。

智慧教育。在教育领域，新冠肺炎疫情导致学校停课，扰乱了传统的教学秩序，从而增加了对视频、数字和多媒体服务的需求。当学校被迫实施数字教学替代线下课堂教学时，教学方法一夜之间发生了变化。用数字替代方案取代（或至少增强）传统课堂教学可以让教师更专注于授课从而提高教学效率，同时允许学生按照自己的节奏进行学习。5G 技术通过改善宽带和互联网的服务，开发虚拟教室、视频会议、基于云的学习应用程序和允许大文件传输的访问，为学生提供了增强学习体验的机会。通过公私合作开发5G解决方案，学生可以从新一代的沉浸式在线学习中受益。

智慧医疗。作为一个有前景的概念，智慧医疗已经存在了一段时间，新冠肺炎疫情进一步对通信技术提出了在远程咨询、诊断、治疗和紧急服务等方面的迫切需求。由于新冠肺炎疫情，智慧医疗目前备受关注，除此之外，医生和护士还需要处理常见的伤痛和疾病，这在许多情况下都是可以进行远程处理的。进一步来讲，通过5G可以获取可穿戴设备的数据表明5G正在成为预防医学变革的推动者，5G能够以更快的数据传输速率处理更多的健康信息，从而彻底变革可穿戴设备行业，改变预防性医疗保健措施的实施方式。在当前新冠肺炎疫情常态化的环境中，不断利用技术进行非接触追踪、温度监测和减少传播已成为预防疫情蔓延的重要手段。此外，紧急治疗是另一个从5G受益的远程医疗应用。使用摄像头、麦克风、显示器、喇叭等基本设备，通过5G与急救部门互联，分享高清视频和接受医生的诊治，即可以进行远程诊断和初步治疗。

2

CHAPTER

广东5G创新发展环境

2.1 科技创新发展成效

“十三五”时期，广东科技创新综合实力稳步提升，区域创新能力自2017年起连续4年位居全国第一。2019年，广东研发投入总额达3098.5亿元、占地区生产总值比重达2.88%，比2015年提高了0.47个百分点，提前一年完成了“十三五”规划目标。2020年广东省的研发投入总额超3200亿元、占比达2.9%；研发人员全时当量从2015年的50.17万人/年提高到76.27万人/年，均稳居全国第一。发明专利申请量从2015年的103941件提高到2019年的203311件；PCT（Patent Cooperation Treaty，专利合作条约）国际专利申请量达24725件，约占全国申请量的一半，保持国内领先。2019年，世界知识产权组织发布的《2020年全球创新指数》结果显示，深圳—香港—广州科学技术集群位居全球第2位。

五年来，广东持续加大基础与应用基础研究投入，出台《关于加强基础与应用基础研究的若干意见》，组建广东省基础与应用基础研究基金委员会，建立多元化的基础研究投入体系，组织实施两批广东省基础与应用基础研究重大项目，平均资助金额超4000万元。据统计，广东基础研究投入经费从2015年的54亿元快速增长至2019年的142亿元，2020年获国家自然科学基金资助的项目有4486项，获得的经费共24.08亿元，均创历史新高。

五年来，广东创新环境不断优化。广东出台了一系列创新政策，在经费使用、成果权属、国资管理等方面加大简政放权力度；着力打破制约创新发展的体制机制障碍，深化省级创新券改革；首创“科技服务电商”新模式，率先实现“全国使用、广东兑付”；率先落实“大专项+任务清单”，将部分科技项目组织管理权限下放地市；探索、推广科技型企业家高级职称评审试点工作，建立健全科技伦理和科研诚信管理体系。

实现高水平自立自强是构建新发展格局最本质的特征，也是广东打造新发展格局战略支点的胜负手。“十四五”期间，广东将推动研发投入占比超过3%，在数值上达到经济合作与发展组织（Organization for Economic Co-operation and Development，OECD）国家前列水平，面向全球更加开放合作，主动融入“以国内大循环为主体、国内国际双循环相互促进”的新发展格局，初步建成具有全球影响力的科技和产业创新高地，使广东成为支撑我国跻身创新型国家前列的重要战略力量。

“十四五”期间，广东科技创新将把科技自立自强作为战略支撑，坚持“四个面向”完善创新体系，以建设粤港澳大湾区国际科技创新中心为“纲”，着力强化战略科技力量布局，打造体现国家使命、具有广东特色的“科技王牌军”，从聚焦强化战略科技力量布局、掌握关键核心技术、提升企业技术创新能力、加强基础研究与应用基础研究、优化创新资源配置、完善科技体制机制等领域重点突破，建设更高水平的科技创新强省。

2.2 产业发展现状

广东通信设备制造业产值规模全国领先，有规模以上电子信息制造企业5200余家，产业链相对比较完整，并且在网络建设、通信设备制造、天线与射频等核心器件制造、芯片设计、终端设备制造、宽带通信互联网应用等环节拥有一批核心优势企业。目前广东5G基站已建成了12.6万座，5G用户数量达到了3500万，5G用户数约占手机用户数量的1/3。广东以占全国1/10的网络能力，承载了全国1/9的电信用户，创造了全国1/8以上的电信业务收入。除业务规模、网民数、网站数、互联网企业数保持全国领先外，广东率先实现了20户以上自然村全部通百兆光纤，工业互联网节点建设及应用全国领先。5G基站和用户规模、4K用户和产业规模、规模以上互联网企业业务收入、数字经济规模等均为全国第一。

在通信设备制造领域，华为、中兴通讯、爱立信、诺基亚及三星是位列全球前五的通信设备制造商，其业务范围涵盖通信设备、行业解决方案、技术服务、软件、智能终端等，产品覆盖全球170多个国家和地区。IHS Markit

发布的2017年度全球移动通信基础设施市场份额报告显示，华为公司以28%的市场份额位列全球首位，中兴通讯以13%位列全球第四。

在芯片设计领域，华为旗下的海思半导体有限公司、中兴通讯旗下的微电子技术有限公司作为知名芯片设计企业，在全球芯片设计企业中占有一席之地，其中海思半导体有限公司已进入全球芯片设计第一梯队。另外，广东还拥有惠州市正源微电子有限公司、广州润芯信息技术有限公司、深圳锐越微技术有限公司等一批在手机射频芯片、北斗射频芯片等芯片子领域拥有较大优势的企业。

在5G终端设备制造领域，以深圳、东莞为代表，珠三角已形成了智能终端产业集群，成为全球终端产品配套中心和国际EMS（Electronic Manufacturing Services，电子制造服务）生产基地，智能手机产量约占全国50%。华为、广东欧珀移动通信有限公司、维沃移动通信有限公司三家企业跻身全球智能手机出货量前五名，中兴通讯、宇龙计算机通信科技（深圳）有限公司、珠海市魅族科技有限公司、TCL移动通信有限公司等手机制造企业进入全球前五十。

在互联网应用领域，广东拥有多家世界级互联网企业，包括深圳腾讯计算机系统有限公司、广州唯品会信息科技有限公司、广州网易计算机系统有限公司等，它们具有天然的产业融合优势。在产业融合变革形势下，通信与IT技术的综合掌控与整合成为未来产业竞争的关键。

2.3 创新发展布局

2.3.1 突出政策引导

2017年3月22日，广东省科学技术厅与广东省发展和改革委员会印发的《"十三五"广东省科技创新规划（2016—2020年）》在"构建具有国际竞争力的现代产业技术体系"一节中将发展第五代移动通信（5G）技术作为重点发展任务。

2017年9月6日，广东省人民政府办公厅印发的《广东省战略性新兴产业发展“十三五”规划》将新一代信息技术产业作为第一发展重点，该规划指出：“把握新一代信息技术全面跨界融合、智能化发展加速和全方位产业生态竞争等新趋势，以实施‘互联网+’行动、大数据战略和网络强省战略为着力点，推进‘数字广东’建设，打造万物互联、绿色智能、安全可靠的新一代信息技术产业体系，成为引领广东科技创新、驱动经济社会转型发展的重要力量。”

2019年5月8日，广东省人民政府办公厅印发的《广东省加快5G产业发展行动计划（2019—2022年）》指出：广东省在射频芯片、光通信芯片、中高频器件等方面对外依赖度较高。为突破“卡脖子”技术和推动产业发展，该行动计划着重提出：一要突破5G关键核心技术，大力发展面向5G的新型网络技术、高效传输技术、通信芯片，支持企业、科研院所开展6G网络技术前瞻性研究；二要组建5G领域高水平研发平台，实施国家和省级重点研发专项，引进5G高端人才，建设5G融合应用技术创新中心和成果转化基地（中心）。

2020年5月18日，广东省向社会公布了《广东省人民政府关于培育发展战略性支柱产业集群和战略性新兴产业集群的意见》（粤府函〔2020〕82号）（简称《意见》），明确指出将“重点发展新一代通信设备、新型网络、手机与新型智能终端、高端半导体元器件、物联网传感器、新一代信息技术创新应用等产业”。随《意见》配套发布的多个产业集群行动计划都将“积极探索推广5G技术融合应用”作为工作重点。

2021年4月6日，广东省印发的《广东省国民经济和社会发展第十四个五年规划和2035年远景目标纲要》提出“持续推进产业关键核心技术攻关”“增强5G、超高清显示等领域产业技术优势”“完善以5G为核心的信息通信产业链条，打造世界级5G产业创新高地”。

2.3.2　融入国家布局

为贯彻落实习近平总书记重要指示批示精神，对接国家科技创新资源，

2017年6月17日，广东省与科技部签订了《部省联动组织实施国家重点研发计划"宽带通信和新型网络"重点专项框架协议》，双方按照"国家主导、部省联动，需求牵引、聚焦重大，规范高效、开放融合"的原则，从2018年至2022年，联动组织实施国家重点研发计划"宽带通信和新型网络"重点专项。这是科技部首次与地方共同出资、联动实施的重点专项，是深入推进科技管理体制改革、对接国家和省市科技创新资源的一次重大创新，可充分发挥出广东作为国家科技体制改革和创新政策试验田的作用，为全国创新驱动发展提供有益经验，对广东吸引全国的研发力量和产业化项目集聚落户，推动建立具有国际竞争力的现代产业技术体系具有重要意义。

部省联动组织实施国家重点专项探索形成了"多元联动"实施科技计划管理新机制，双方共同构建"中央财政和地方财政共同出资、社会资本和企业跟进投入"的多元出资模式，通过融合国家战略和广东通信产业发展重大需求，共同制订专项实施方案和指南，集中力量攻关解决国家和广东通信产业"卡脖子"问题，推动广东承担通信领域国家科技计划重点任务取得新突破，促进通信领域高端创新资源加速向广东集聚，推动鹏城实验室、广东省新一代通信与网络创新研究院等高端研发平台加快发展。

根据国家部署和广东5G产业发展的重大需求，国家重点研发计划"宽带通信和新型网络"重点专项部省联动任务中，有侧重地部署了包括面向5G及演进技术的自主原创性核心芯片测试验证环境、面向典型行业的新一代通信与网络应用示范等5G通信集成应用示范项目。上述项目均由广东的单位牵头，牵头单位包括鹏城实验室、广州地铁等高端研发平台或龙头企业，联合国内优势创新资源在广东省开展技术攻关及垂直应用。相关项目成功实施后，将有助于发挥广东省5G垂直应用的标杆效应，助推5G和产业领域加快融合。从总体上来看，部省联动对推动解决广东省通信产业"卡脖子"问题将发挥重要的促进作用，也能为广东省5G发展融入国家布局、争取更多国家资源、延揽高端人才提供有益经验。

2.3.3 加强项目攻关

作为广东科技创新的“排头兵”，广东省科学技术厅根据省委省政府关于发展5G和“5G+”的决策部署，紧紧围绕5G创新链、产业链及应用示范过程中出现的“卡脖子”技术难点，多措并举支持广东省5G相关单位加大研发投入，集中力量开展5G产业关键技术攻关并进行示范应用。

自2018年起，广东开始实施省重点领域研发计划，并在计划中设置了“新一代通信与网络”重大专项，进一步提升广东对国内外顶尖人才、团队的吸引力，增强通信与网络领域的创新能力。2018—2020年，广东省“新一代通信与网络”专项每年发布一次申报指南，面向重点企业需求和行业领域热点，通过公开竞争申报、定向委托等方式，有针对性地部署了“新型网络技术”“通信芯片”“高效传输技术”“卫星通信”等多个专题的项目。对各年度指南关键词进行统计并生成了词云图（图2-1），指南内容分解详见表2-1。

图2-1 “十三五”时期重点领域研发计划“新一代通信与网络”重大专项项目申报指南关键词云图

从图表可以看出，广东省科学技术厅紧紧围绕5G技术创新和垂直行业应用，在省“新一代通信与网络”专项中部署了多个5G 关键技术、核心设备研制、垂直行业应用项目。在5G关键技术研发方面，布局面向行业应用的5G传输及组网关键技术、面向商用的5G终端设备研发、5G毫米波宽带高效率芯片及相控阵系统研究等5G关键技术研究和核心设备研发等项目；在5G应用示范方面，部署了5G+智慧石化、5G+智慧燃气、5G+智慧港口、5G+智慧医疗、5G+智能制造等5G垂直领域应用项目。

表2-1　重点研发计划"新一代信息与网络"重大专项项目布局

<table>
<tr><th>指南方向</th><th>专题</th><th>重点任务</th><th>项目数/项</th><th>财政经费资助强度/（万元/项）</th><th>立项方式</th></tr>
<tr><td rowspan="12">关键核心技术</td><td>新型网络技术</td><td>新型网络体系架构与关键技术</td><td>1</td><td>约5000</td><td>竞争择优</td></tr>
<tr><td rowspan="2">高效传输技术</td><td>新型无线传输及组网关键技术</td><td rowspan="2">2～4</td><td rowspan="2">约3000</td><td>竞争择优</td></tr>
<tr><td>光子-无线融合的分布式5G系统关键技术</td><td>竞争择优</td></tr>
<tr><td rowspan="2">高效传输</td><td>6G热点候选技术原理研究与验证</td><td rowspan="3">1～2</td><td rowspan="2">约2000</td><td>竞争择优</td></tr>
<tr><td>新型接入与传输技术研究与验证</td><td>竞争择优</td></tr>
<tr><td>卫星通信</td><td>天基信息网络服务系统关键技术与验证</td><td>约5000</td><td>竞争择优</td></tr>
<tr><td rowspan="3">6G前沿技术</td><td>基于网络孪生的新型智能网络架构技术与试验平台</td><td rowspan="3">1</td><td rowspan="3">约1000</td><td>定向委托</td></tr>
<tr><td>基于新型波导腔体的太赫兹收发前端器件的研究</td><td>定向委托</td></tr>
<tr><td>宽带通信卫星微波光子有效载荷关键技术研究</td><td>定向委托</td></tr>
<tr><td rowspan="3">5G关键技术</td><td>面向垂直行业的5G关键技术研究与系统验证</td><td rowspan="3">1～2</td><td rowspan="3">约1500</td><td>竞争择优</td></tr>
<tr><td>融合5G的多频多制式集约节能设备研制</td><td>竞争择优</td></tr>
<tr><td>具备可编程特性的5G内生安全网络设备研制及验证</td><td>竞争择优</td></tr>
</table>

（续表）

指南方向	专题	重点任务	项目数/项	财政经费资助强度/（万元/项）	立项方式
核心部件/设备	通信芯片	5G毫米波宽带高效率芯片及相控阵系统研究	2～4	约5000	竞争择优
		嵌入式高性能数字信号处理器（Digital Signal Processor，DSP）关键技术研究			竞争择优
	核心设备	面向商用的5G基站设备研发	1～2	约5000	竞争择优
		面向商用的5G终端设备研发		约2000	竞争择优
		支持全频谱接入的5G小基站室内分布系统设备研发			竞争择优
		基于北斗卫星的高可靠、高精度5G基站时间同步系统研发			竞争择优
应用示范	示范应用	面向高安全等级场景5G行业应用研究及试点示范	1～2	约3000	竞争择优
	5G垂直领域应用	5G+智慧医疗、智慧路桥管养、地面灾害监控、智慧园区、城市供水、智慧港口、智慧养老、智慧钢铁、智能制造、智慧石化	1～2	约800	竞争择优
		5G+智慧燃气、智能电网、智慧核电、智慧机场、智慧水利、智慧气象、智慧海关、智慧教育、卫生应急、智慧场馆	1		定向委托
高端平台建设	新一代通信与网络高端研发平台建设	新一代通信与网络高端研发平台建设	1	根据实际情况给予经费支持	定向委托
开放性课题	开放性课题	新型网络、高效传输、通信芯片等领域的前沿尖端技术预见研究、关键共性技术攻关、行业创新应用等	＜10	根据课题研究内容和目标核算	竞争择优

来源：根据2018—2020年度重点领域研发计划“新一代信息与网络”重大专项申报指南整理。

2.3.4 打造创新平台

为进一步推动5G产业链发展及为5G在垂直领域应用提供充足的技术支持，广东大力推进各类创新平台建设工作，在推动5G产业发展中起到了生力军作用。启动建设深圳网络空间科学与技术广东省实验室（鹏城实验室）、人工智能与数字经济广东省实验室等省实验室；布局建设广东省新一代通信与网络创新研究院、东莞先进光子技术研究院以及惠州新一代工业互联网创新研究院等三大新型研发机构，打造集基础研究、应用研究、成果转化为一体的创新策源地；成立“广东省5G行业应用产业技术创新联盟”，重点整合5G行业应用的创新资源与产业资源、研究制定典型行业应用5G网络的标准体系、推动形成5G行业应用解决方案、推动多链（创新链、产业链与资金链）融合，助推5G行业应用发展。

2.3.5 推动应用示范

2019年广东省政府出台的《广东省加快5G产业发展行动计划（2019—2022年）》指出要推进5G基站与智慧杆建设，打造5G+超高清视频、智慧医疗等300个应用示范案例，培育3个5G产业园。2020年5月7日，广东省工业和信息化厅发布了《广东省“5G+工业互联网”应用示范园区试点方案（2020—2022年）》，正式公布了首批8个“5G+工业互联网”应用示范园区，同时启动建设第二批应用示范园区。

广东省科学技术厅面对当前5G产业发展出现的重大问题，深度挖掘华为、华润燃气、广州地铁、广州石化、广药集团、广汽集团以及广东省社会发展科技协同创新中心等龙头示范企业和行业应用示范技术需求，梳理流程制造业和离散制造业的应用特点，从各行业的科技发展实际出发，深入摸查相关行业领域和5G深入融合的技术创新需求，结合5G技术产业发展态势研判，于2020年公开发布的“新一代通信与网络”重大专项指南中部署了24个5G垂直领域应用项目。将研究突破5G行业应用的技术瓶颈，利用5G技术推动相关行业的数字化、智能化转型升级，并促进一批典型行业应用5G网络的技术指引和标准体系的形成，带动5G网络在垂直行业大规模应用。

2.3.6 促进交流合作

为推动5G领域国际交流合作、产业链协同创新以及赋能千行百业，2020年11月，广东省人民政府与国家发展改革委、科学技术部、工业和信息化部共同主办了2020年世界5G大会。大会在广州举行，以“5G赋能、共享共赢”为主题，采用了线上线下相结合的方式。广东省委省政府、国家主管部委领导出席并致辞，宣贯落实5G产业政策，指明了5G技术和产业发展方向。大会论坛汇聚全球5G领域的科学家、企业家和各界人士深入探讨5G发展趋势，分享5G发展经验，共商5G发展大计。大会同期举办了占地12000m^{2}的展览，汇聚了来自84家企业（参展商）的700余件（套）展品，着重展示5G在多个应用领域的前沿技术及优秀成果，以及头部企业的新技术、新产品、新业态。其中，5G新科技展区主要展示的是5G全产业链技术产品，包括芯片、模组、器件、设备、网络、终端等，它们凸显了核心技术在不断创新。

世界5G大会打造了“国际化、高端化、专业化”的世界顶尖5G合作交流平台，契合当前5G创新发展规律和时代发展需要，向社会生动、立体、全面地展现了5G产业的新理念、新创意，助力5G技术创新、产业发展和应用场景变革，对5G领域国际交流合作、产业链协同创新以及行业赋能起到了重要的促进作用，构建了全球共赢的5G创新体系和良好的国际发展生态环境。同时，大会向全国乃至全球展现了广东5G领域的整体风貌和创新活力，推动5G创新链、产业链、价值链的有效对接，助力广东应用5G技术更好地赋能实体、服务社会、造福人民。

3

CHAPTER

5G创新技术发展态势分析方法论

科学论文数据量大、内容价值高，是识别研究热点、新兴主题的重要数据来源。对科学论文的作者、发表时间、标题、关键词、资助来源、被引频次等元数据进行分析是研究热点特征属性的基础性工作，能够从多维度构建完备的研究热点识别指标体系，提升研究热点识别的准确性，同时为科学管理和决策提供重要定量依据。

此外，通过对顶级期刊或高被引的科学论文数据进行深层次分析，挖掘出其中最新出现或者关注热度急速增长的技术名词，获得前沿科技关键词并分析其变化趋势，可以帮助了解当前某领域的最新前沿信息，发现新的研究方向，同时有助于寻找创新突破点。

专利是科研成果实用化和商业化能力的反映，是与技术创新、经济发展紧密相关的一类非常重要的技术信息。专利文献含有对技术或者发明的详细描述，包括对标题、文摘、发明的全文描述，发明者的姓名、地址、国籍，发明拥有者的姓名、地址、国籍，技术所属的类别、分类号，对相关科学文献和专利的引用，专利申请与授权的时间等。专利文献的这些信息提供了有关发明的国家的、行业的、机构的和技术的分布情况。因此专利信息分析统计成为研究技术创新和科研管理中的重要指标以及捕捉技术变革所有权与竞争优势信息的指标。

在一定的条件下，同行企业、区域、国家等层面上的专利都具有一定的可比性。利用专利信息分析方法，可以客观地从技术或者技术竞争能力与优势角度来系统分析、考查与总结技术创新能力及相关问题。如基于专利信息分析研究技术创新能力、技术研发实力、技术创新效率，识别核心关键技术，比较具有自主知识产权的核心技术，基于专利制定提升企业技术创新能力的战略，利用专利信息分析方法进行企业技术创新管理等研究对指导和提升企业、机构或组织的技术创新能力具有理论与应用价值以及重要的现实意义。

3.1　研究边界

移动通信一直遵循着每十年出现新一代技术的发展规律，第五代移动通信（5G）技术研究已在全球范围全面启动并进入快速发展阶段。5G产业链长、涉及技术领域广，包括天线、前端组件、基带、核心网、广域网、软件、仪器仪表及应用场景等诸多方面。为揭示5G关键核心技术发展情况，结合专家智慧提炼5G技术关键要素，主要覆盖毫米波通信、MIMO、基带芯片、通信前端、FBAR（Film Bulk Acoustic Resonator，薄膜腔声谐振滤波器）、SAW、Polar（极化）编码、空分网络、网络切片及低延迟应用场景等方面，提炼出的关键要素见表3-1。本书中5G领域"十三五"基础研究和专利产出主要是基于关键要素制定检索策略和分析边界。

表 3-1　5G领域关键技术研究边界

一级	二级	关键要素
总体类	频谱类	Sub-6G、毫米波、通信、移动通信、新一代通信
	产业应用类	5G+、5G 应用、车载互联网、低延迟
系统类	天线类	MIMO、毫米波通信天线、滤波天线、高密度天线、相控阵通信天线
	前端组件类	毫米波芯片、CMOS多通道芯片、第三代化合物半导体、基带芯片、FBAR、SAW、通信模块、通信前端
	基带类	F-OFDM、FB-OFDM、Polar（极化）编码、flexible LDPC编码、NOMA、空分复用
	核心网	切片网络、5G RAN

3.2　数据检索

3.2.1　数据库

本书的文献来源于Science Citation Index Expanded（SCI-E，科学引文索引拓展版）、incoPat（专利数据库）和PatentSight（专利视觉）三个平台。

SCI-E（1900年至今）数据库为SCI数据库的扩展版，是美国科学情报研究所（Institute for Scientific Information，ISI）开发的著名系列数据库之一，共收录期刊9300余种，覆盖农业生物及环境科学、工程技术及应用科学、医学与生命科学、物理学及化学、行为科学等178个学科领域，所收录的科学论文基本上可以代表全球自然科学基础研究成果的前沿和最高水平。文献包括论文与引文（参考文献），其引文所涉及的范围十分广泛，包括图书、期刊论文、会议论文、专利和其他各种类型的文献。

incoPat全球科技分析运营平台，由北京合享智慧科技有限公司运营。该平台目前收录了全球120个国家、组织或地区的超过1.4亿件的专利文献，其数据采购自官方和商业数据提供商，并且对专利著录信息、法律、运营、同族、引证等信息进行了深度加工及整合，可实现数据的24小时动态更新。incoPat集成了专利检索、专题库、分析、监视预警等多个功能模块，可进行统计分析、聚类分析、3D专利沙盘分析以及引证分析。

PatentSight是一款集专利检索、评价、分析功能于一体的数据库，PatentSight致力于帮助企业和研究机构获得关于专利及专利组合的强度、质量和相关价值的深度分析。目前，PatentSight收录了全球115个国家/地区的专利授权机构发布的专利文献，其中30个国家/地区发布的专利文献可直接下载PDF全文。PatentSight拥有全球专利评估工具Patent Asset Index™，该工具可针对竞争对手、供应商、客户、指定技术领域和新市场进入者的专利组合进行分析，以识别潜在机会和威胁。

3.2.2 数据范围

基础研究方面，在SCI-E数据库中制定检索式，检索地域范围限定在广东省域内，检索时间为2021年4月28日，数据清洗与分析工具主要有DDA（Derwent Data Analyzer）和Gephi。

应用研究方面，在incoPat平台构建中文/英文检索式，通过与关键技术相关的上下位关键词、同义词、技术分类号制定检索式，数据分析类型包括发明申请和发明授权。专利数据的统计时间截至2021年5月15日。

3.3 数据处理与分析

数据处理主要涉及数据转换、数据清理等环节。

数据转换。因数据源、数据清理、数据可视化横跨了多个平台，需要将检索到的原始文献数据转换为目标平台可操作的、便于统计分析的数据格式。例如，将incoPat导出的专利文献转换为适配DDA的数据格式以进一步清洗，将SCI-E导出的关键词、机构信息转换为适配Gephi的共现矩阵。

数据清理。主要对关键词、机构、人员、资助来源进行数据规范、去重、合并。由于数据库的数据记录中存在较多不规范的字段，例如错拼、姓名（姓在前名在后、姓在后名在前）、简写，因此需要将其规范化。

数据处理主要采用专业的专利数据分析软件或手工转换实现。（1）利用科睿唯安的DDA软件进行数据清洗与挖掘，对文本数据进行多角度的数据清理、数据挖掘和可视化的全景分析。（2）利用Gephi软件进行文献数据挖掘与可视化处理。Gephi是一款跨平台免费、可以进行可视化和分析大型网络图的开源软件，可用于探索性数据分析、链接分析、社交网络分析、生物网络分析等。（3）结合Excel和MATLAB进行数据处理。

3.4 相关名词解释

（1）专利申请件数：在进行专利申请数量统计时，例如为了分析申请人所提出的专利申请在不同国家、地区或组织的分布情况，将同族专利申请分开进行统计，并对同一申请号的专利文本进行合并，所得到的结果对应于申请的件数。

（2）同族专利：同一专利族中的每件专利文献被称为“专利族成员”，简称为“同族专利”。WIPO（World Intellectual Property Organization，世界知识产权组织）《工业产权信息与文献手册》将专利族分为六种，分别为简单（simple）专利族、复杂（complex）专利族、扩展（extended）专利族、本国（national）专利族、内部（domestic）专利族、人工（artificial）专利族。其中，简单专利族指在同一专利族中，专利族成员以共同的一个或共同的几个专利申请为优先权。由于专利族成员的内容相同或基本相同，所以将一个专利族作为引文分析的研究单元更为合理。将数据库中属于同一专利族的系列专利文献计为1个或1项，本书所述的专利族为简单专利族。

（3）3D专利沙盘：incoPat推出专利战略分析的高级工具，其用三维地形图形象地展示技术的竞争态势，波峰代表技术密集区，波谷代表技术空白点。不同颜色可以标记不同的专利申请人，用以清晰地展示竞争态势。每个点代表一件专利，点的距离越近，表明技术的相关度越高。在3D专利沙盘中进行模拟推演，可以快速聚焦专利布局的热点，掌握产业/竞争对手的研发方向和专利布局，提升专利质量和自身的市场竞争力。

（4）专利覆盖国别数：企业发明专利授权国（专利局）数量，其中包括欧洲专利局（European Patent Office，EPO），但不包括世界知识产权组织（WIPO）。

（5）国外专利占比：国外专利数（包括申请、授权数）与企业专利数的比值。

（6）平均专利族规模：企业专利族的平均构成专利数量，平均专利族规模$=\frac{\text{经申请号合并后的专利总数}}{\text{经简单同族合并的发明专利数}}$。

（7）专利平均被引次数：企业平均每项专利被后续专利引用的次数，专利平均被引次数$=\frac{\text{发明专利总被引次数}}{\text{发明专利数}}$。

（8）竞争影响力值（Competitive Impact™，CI）：用于测度专利的可持续竞争优势，由PatentSight计算所得。

（9）专利资产指数（Patent Asset Index，PAI）：衡量整体专利组合实力，组合中所有专利的竞争影响力值总和，由PatentSight计算所得。

（10）**篇均被引频次：** SCI论文总被引频次除以SCI论文篇数。

（11）**H指数：** 发表的论文中至多有*h*篇分别被引用了至少*h*次。

（12）**ESI（Essential Science Indicators，基本科学指标数据库）高被引论文：** 同一年同一个ESI学科发表论文的被引用次数按照由高到低的顺序进行排序，排在世界前1%的论文。

（13）**合作网络/知识图谱：** 科学知识图谱是指通过可视化方法来构建、绘制、挖掘、分析特定学科、作者、科研群体、机构等之间的相互联系，通常采用共现分析、聚类分析、社会网络和引文分析等方法绘制知识图谱。本书借助DDA进行数据清洗并构建关键词共现矩阵、机构共现矩阵和合著作者共现矩阵，随后应用Gephi软件绘制网络可视化图谱，借助度、模块（聚类）等指标来分析领域热点、机构协同、科技人才合作的情况。在网络图中，节点代表特定对象，如关键词、作者、机构、论文、专利等；连线代表特定对象发生关联，如关键词共同出现在某篇论文、合作发表的某篇论文中。此外，还可用节点大小来表征对象的影响力大小，用连线的粗细表征节点间关系的强弱。

（14）**度：** 表示Gephi共现图谱中某一个节点所有关联边的数量。

4

CHAPTER

广东5G创新技术发展态势

4.1 领域技术宏观态势分析

4.1.1 基础研究态势

4.1.1.1 基础研究活跃度

过去五年，广东省在5G领域发表的SCI论文共2010篇，是2011—2015年间发文量（351篇）的5.7倍。在5G领域发表的SCI论文数量自2016年起呈高速增长趋势，复合年均增长率（CAGR）达40.50%，如图4-1所示。

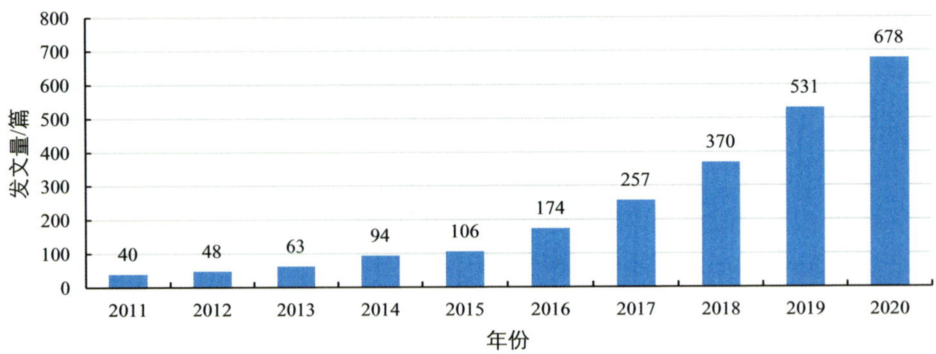

图4-1 "十二五"和"十三五"时期5G领域SCI论文发文量趋势

2016—2020年期间，从技术分支来看，如图4-2所示，天线类SCI发文量最多，为829篇，其次为基带类（267篇）和前端组件类（262篇）。这六类技术分支中，复合年均增长率位居前三的分别为产业应用类（85.56%）、基带类（67.77%）和核心网（56.51%）。值得一提的是，2019年产业应用类SCI论文发文量的增长率高达173.91%，2018年基带类SCI论文发文量的增长率为125.00%，都翻了一番。而发文量最多的天线类的SCI论文发文数量的复合年均增长率虽然比不上产业应用类、基带类和核心网，但在"十三五"期间也在快速增长，其复合年均增长率为31.22%。

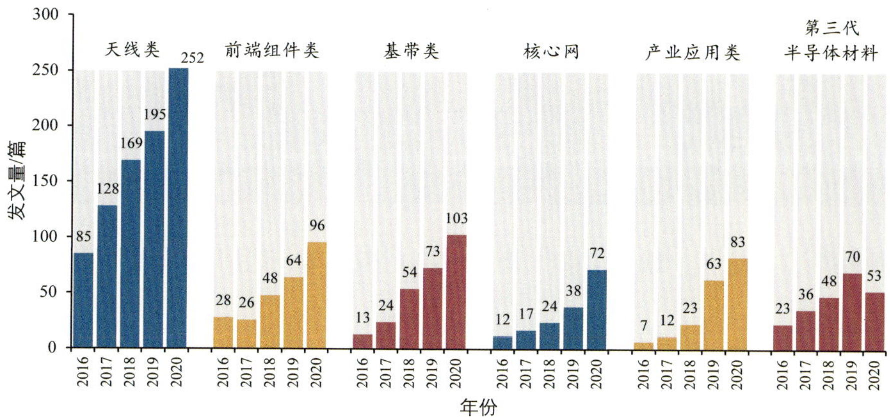

图4-2 “十三五”时期5G领域不同技术分支SCI论文年度发文量趋势

4.1.1.2 基础研究影响力分析

表4-1从六类技术分支分析广东“十三五”时期5G领域SCI论文的影响力。前端组件类的篇均被引频次最高（22.3次）；天线类的H指数最高（42）；而ESI高被引论文和引用频次50次以上占比排名前三的技术分支分别为基带类、核心网和产业应用类，其中，产业应用类的ESI高被引论文占比最高，为6.4%，核心网引用频次50次以上有18篇，占比最高，为11.0%。

表4-1 “十三五”时期5G领域不同技术分支SCI论文引文指标

类别	天线类		前端组件类		基带类		核心网		产业应用类		第三代半导体材料	
	数量/篇	占比/%	数量/篇	占比/%	数量/篇	占比/%	数量/篇	占比/%	数量/篇	占比/%	数量/篇	占比/%
SCI论文被引频次/次	8975	—	5843	—	2910	—	2236	—	2631	—	2524	—
篇均被引频次/次	10.83	—	22.3	—	10.9	—	13.72	—	13.99	—	10.97	—
H指数	42	—	21	—	29	—	25	—	27	—	26	—
引用频次10次以上	260	31.4	72	27.5	83	31.1	46	28.2	55	29.3	68	29.6

（续表）

类别	天线类		前端组件类		基带类		核心网		产业应用类		第三代半导体材料	
	数量/篇	占比/%	数量/篇	占比/%	数量/篇	占比/%	数量/篇	占比/%	数量/篇	占比/%	数量/篇	占比/%
引用频次20次以上	141	17.0	28	10.7	45	16.9	30	18.4	36	19.1	34	14.8
引用频次30次以上	79	9.5	15	5.7	29	10.9	25	15.3	27	14.4	21	9.1
引用频次50次以上	35	4.2	10	3.8	14	5.2	18	11.0	16	8.5	10	4.3
ESI高被引论文	12	1.4	0	0	9	3.4	5	3.1	12	6.4	2	0.9

表4-1分析了广东省“十三五”时期5G领域引用频次较高的高被引SCI论文，研究发现，2019—2020年高被引SCI论文的研究方向主要围绕车载网络、人工神经网络（属于人工智能学科）、深度强化学习、无人机通信等产业应用领域；2017—2018年的高被引SCI论文则主要研究非正交多址技术、移动边缘计算、软件定义网络和索引调制等基带类、核心网方向（见表4-2）。

4.1.1.3 基础研究地域布局分析

图4-3与表4-3分析了广东省不同地市“十三五”时期5G领域不同技术分支发表的SCI论文的布局情况。各技术分支的SCI论文都高度集中在深圳市和广州市，两市SCI论文的占比除了核心网为84.7%、第三代半导体材料为88.7%之外，天线类、前端组件类、基带类和产业应用类的占比均超过了90%。此外，珠海市优先布局天线类、基带类和前端组件类，佛山市和东莞市主要部署在天线类和第三代半导体材料领域，中山市则在核心网方向有一定优势。

表4-2 “十三五”时期5G领域高被引SCI论文

序号	标题	来源	出版年	SCI引用频次/次	研究内容
1	When deep reinforcement learning meets 5G-enabled vehicular networks: a distributed offloading framework for traffic big data	IEEE *TRANSACTIONS ON INDUSTRIAL INFORMATICS*	2020	50	通过联合使用许可蜂窝频谱和未许可信道，为5G车载网络构建了一个智能卸载框架。同时提出了一种双边匹配算法来调度未许可频谱，以及一种基于深度强化学习的方法实现分布式流量卸载以简化系统状态
2	Edge AI: on-demand accelerating deep neural network inference via edge computing	IEEE *TRANSACTIONS ON WIRELESS COMMUNICATIONS*	2020	44	提出了一个通过设备-边缘协同来利用边缘计算进行深度神经网络（Deep Neural Networks，DNN）协同推理的框架Edgent，并验证了Edgent在实现按需低延迟边缘人工智能方面的有效性
3	Recent progress on the electronic structure, defect and doping properties of Ga_2O_3	*APL MATERIALS*	2020	43	讨论了氧化镓的外延薄膜生长、缺陷和杂质的化学和物理特性、p型掺杂以及氧化镓-氧化铟-氧化铝三元合金的最新进展
4	Applications of deep reinforcement learning in communications and networking: a survey	IEEE *COMMUNICATIONS SURVEYS AND TUTORIALS*	2019	159	综述了为解决通信和网络的新兴问题而提出的深度强化学习方法，包括动态网络访问、数据速率控制、无线缓存、数据卸载、网络安全和连接保护等对下一代网络至关重要的技术
5	Artificial neural networks-based machine learning for wireless networks: a tutorial	IEEE *COMMUNICATIONS SURVEYS AND TUTORIALS*	2019	115	概述了如何使用基于人工神经网络（Artificial Neural Networks，ANN）的机器学习（Machine Learning，ML）算法解决各种无线网络问题，以及使用ANN解决各种无线通信问题，包括无人机通信、无线网络中的虚拟现实应用以及边缘计算和缓存

（续表）

序号	标题	来源	出版年	SCI引用频次/次	研究内容
6	Securing UAV communications via joint trajectory and power control	IEEE *TRANSACTIONS ON WIRELESS COMMUNICATIONS*	2019	107	基于物理层安全技术提出了一种迭代算法，以实现无人机与地面目标节点的安全通信
7	Size reduction of self-isolated MIMO antenna system for 5G mobile phone applications	IEEE *ANTENNAS AND WIRELESS PROPAGATION LETTERS*	2019	49	为移动手机应用的第五代MIMO系统提出了一种不仅具有自绝缘特性而且尺寸紧凑的天线元件。无须使用任何额外的绝缘元件或去耦技术，即可获得非常好的绝缘度和天线效率的8天线MIMO系统
8	Joint power allocation and beamforming for non-orthogonal multiple access (NOMA) in 5G millimeter wave communications	IEEE *TRANSACTIONS ON WIRELESS COMMUNICATIONS*	2018	103	探讨了毫米波通信中的非正交多址技术（NOMA），为两用户以及多用户毫米波NOMA系统提供解决方案，解决了功率和波束增益的分配问题，以及恒模约束下的波束形成问题
9	Index modulation techniques for next-generation wireless Networks	IEEE *ACCESS*	2017	252	研究了索引调制技术的三种形式：空间调制、信道调制和运用索引调制的正交频分复用技术（OFDM），并讨论了基于索引调制方案面向下一代无线网络的未来研究方向
10	A scalable and quick-response software defined vehicular network assisted by mobile edge computing	IEEE *COMMUNICATIONS MAGAZINE*	2017	123	提出一种以移动边缘计算（MEC）为辅助的软件定义网络（SDN）的网络架构，以满足低延迟、高可靠性的车载通信要求

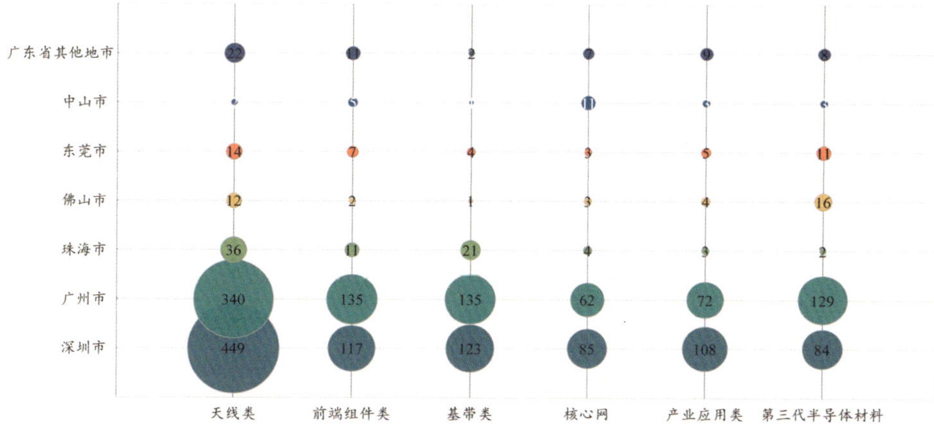

图4-3 “十三五”时期5G领域不同技术分支SCI论文地市分布

表4-3 “十三五”时期5G领域不同技术分支SCI论文地市分布

地区	天线类		前端组件类		基带类		核心网		产业应用类		第三代半导体材料	
	数量/篇	占比/%	数量/篇	占比/%	数量/篇	占比/%	数量/篇	占比/%	数量/篇	占比/%	数量/篇	占比/%
广东省	829	100.0	262	100.0	267	100.0	163	100.0	188	100.0	230	100.0
深圳市	449	54.2	117	44.7	123	46.1	85	52.1	108	57.4	84	36.5
广州市	340	41.0	135	51.5	135	50.6	62	38.0	72	38.3	129	56.1
珠海市	36	4.3	11	4.2	21	7.9	4	2.5	3	1.6	2	0.9
佛山市	12	1.4	2	0.8	1	0.4	3	1.8	1	0.5	16	7.0
东莞市	14	1.7	7	2.7	4	1.5	3	1.8	5	2.7	11	4.8
中山市	2	0.2	5	1.9	1	0.4	11	6.7	3	1.6	3	1.3
广东省其他地市	22	2.7	11	4.2	2	0.7	7	4.3	9	4.8	8	3.5

4.1.1.4 基础研究热点分析

对"十三五"时期广东省5G领域的SCI论文关键词进行聚类分析，发现广东省在天线类的布局较多，其次是基带类、核心网和前端组件类，如图4-4所示。各技术分支的重点研究方向如下：

（1）天线类：天线、天线阵列、大规模多输入多输出（MIMO）、毫米波、毫米波MIMO、混合波束成形、阵列信号处理、空间调制。

（2）前端组件类：传感器、谐振器、滤波器、声表面波滤波器（SAW）、基片集成波导、功率放大器、毫米波雷达。

（3）基带类：非正交多址技术（NOMA）、正交频分复用技术（OFDM）、预编码、全双工、奇偶校验码。

（4）核心网：资源管理、物理层安全、边缘计算、云无线电接入网。

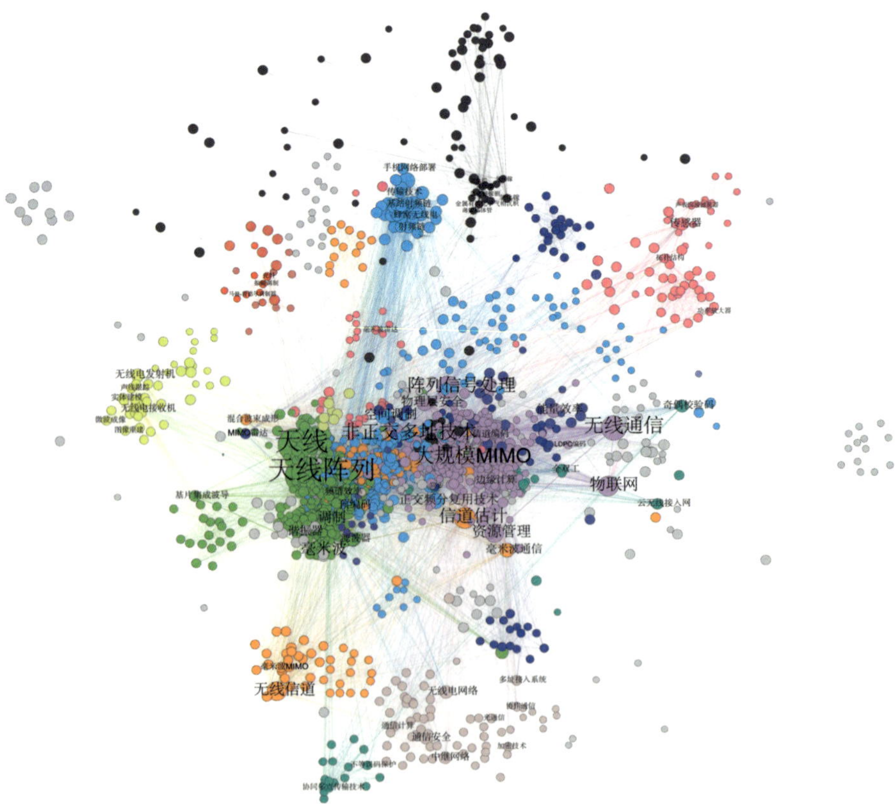

图4-4 "十三五"时期5G领域SCI论文的关键词共现图谱

（5）产业应用类：物联网（IoT）、深度学习、无人机通信、通信安全、图像重建、微波成像。

（6）第三代半导体材料：氧化镓（Ga_2O_3）、氮化镓（GaN）、氧化锌镓铟（InGaZnO，IGZO）、氮化硼（BN）、氮化铝（AlN）、金属有机化学气相沉积（Metal-organic Chemical Vapor Deposition，MOCVD）、薄膜晶体管。

表4-4 “十三五”时期5G领域SCI论文关键词共现图谱中的代表性模块

	Group 1	度	Group 2	度	Group 3	度
1	antennas	456	massive MIMO	393	NOMA	385
2	antenna arrays	420	channel estimation	242	wireless communication	312
3	millimeter wave	356	wireless channels	138	IoT	252
4	resonators	136	millimeter wave communication	124	array signal processing	237
5	filter	129	spectral efficiency	101	eesource management	200
6	substrate integrated waveguide	85	hybrid beamforming	79	physical layer security	174
7	—	—	mmwave MIMO	51	wnergy efficiency	157
8	—	—	—		cdgc computing	137

	Group 4	度	Group 5	度	Group 6	度
1	modulation	157	sensor	143	Ga_2O_3	89
2	OFDM	151	surface acoustic wave	91	thin-film transistor	74
3	spatial modulation	133	topology	41	GaN	64
4	precoding	100	power amplifier	40	IGZO	56
5	base station RF chains	51	millimeter wave radar	37	boron nitride	48
6	cellular network deployments	51	—	—	MOCVD	39
7	radio frequency chains	51	—	—	AlN	38
8	cellular radio	51	—	—	—	—

* Gephi共现图谱根据模块化分类，再根据图的连接关系对节点进行归类，类型相同的节点用相同的颜色表示，可用于聚类分析。

（续表）

	Group 7	度	Group 8	度	Group 9	度
1	full duplex	111	radio networks	68	radio transmitters	77
2	cloud radio access network	90	relay networks	66	radio receivers	59
3	parity check codes	85	telecommunication security	66	solid modeling	43
4	coordinated multi-point	43	cryptography	44	ray-tracing	41
5	unequal error protection	37	telecommunication computing	42	image reconstruction	40
6	—	—	optical communication	40	—	—
7	—	—	multi-access systems	39	—	—

①天线类。

“十三五”时期，广东省发表的天线类SCI论文（图4-5）主要围绕MIMO、

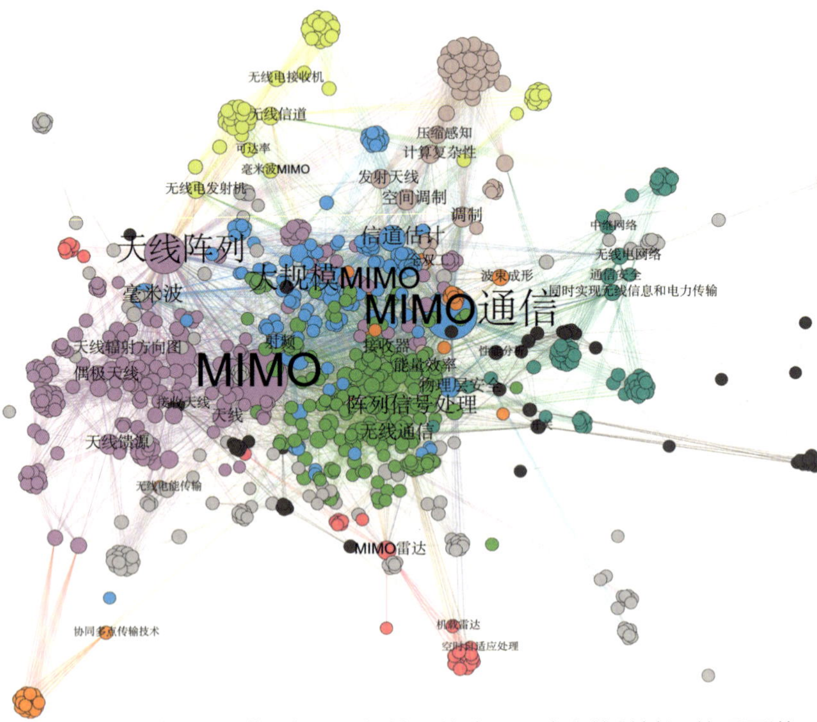

图4-5　“十三五”时期5G领域天线类SCI论文的关键词共现图谱

天线阵列、大规模MIMO、阵列信号处理、空间调制、信道估计、毫米波和MIMO雷达等方面开展研究，研究的天线种类包括偶极天线、缝隙天线、双极化天线、宽带天线、微带天线、贴片天线、封装天线等，如表4-5所示。

表4-5 “十三五”时期5G领域天线类SCI论文关键词共现图谱中的代表性模块

	Group 1	度	Group 2	度	Group 3	度
1	MIMO	665	array signal processing	219	MIMO communication	562
2	antenna arrays	415	wireless communication	167	massive MIMO	366
3	dipole antennas	123	energy efficiency	117	channel estimation	209
4	antennas	122	receivers	114	millimeter wave	201
5	antenna feeds	120	radio frequency	109	physical layer security	127
6	antenna radiation patterns	109	—	—	—	—

	Group 4	度	Group 5	度	Group 6	度
1	full duplex	78	MIMO radar	103	receiving antennas	72
2	bcamforming	70	airbornc radar	26	switchcs	43
3	wireless power transfer	32	space-time adaptive processing	26	performance analysis	39
4	coordinated multi-point	27	—	—	—	—

	Group 7	度	Group 8	度	Group 9	度
1	radio networks	66	spatial modulation	126	wireless channels	87
2	telecommunication security	64	modulation	120	radio transmitters	74
3	simultaneous wireless information and power transfer	63	transmitting antennas	106	radio receivers	56
4	relay networks	41	computational complexity	95	mmwave MIMO	49
5	—	—	compressive sensing	80	achievable rate	41

MIMO技术利用多根发射和接收天线，在发射端和接收端间构成多个信道，从而有效地使用空间资源，增加分集增益，进而提高可靠性。MIMO技术还能够通过增加复用提升频谱效率，通过增加阵列增益提升功率效率，

最后极大提升系统的总吞吐量，这是近几年来无线通信技术的主要研究领域之一。随着无线数据业务量迅速增长，物联网等新兴领域快速兴起，很多新型终端不断出现，通信业务场景和内容不断多样化，这些都在高效率、低延迟、优化的频谱资源分配等方面对新型的MIMO技术提出了更高的要求。

大规模MIMO技术可以显著加快无线传输速度，改善通信质量，并能发掘空间维度更深层次的无线资源，是第5代移动通信系统的关键技术之一。同时，大规模MIMO技术采用空分多址技术，可实现多用户传输，提高系统容量。因此，大规模MIMO技术受到了国内外学术界和工业界的极大关注。作为MIMO的核心部件，大规模天线阵列是系统设计的关键，目前主要有两种实现大规模天线阵列的方式：物理大规模天线阵列和虚拟大规模天线阵列。

未来5G的应用将采用高低频相结合的方式，也就是毫米波频率和Sub-6G等频率相互兼容。同时，因为大规模MIMO技术可以带来极高的波束增益，所以大规模MIMO技术可以弥补毫米波引起的大气吸收和高路径损耗的缺陷。目前，毫米波和大规模MIMO技术的结合已获得学术界和工业界的广泛认可。

封装天线（Antenna in Package，AiP）是基于封装材料与工艺，将天线与芯片集成在封装内，实现系统级无线功能的一门技术。其为系统级无线芯片提供了良好的天线解决方案，很好地兼顾了天线的性能、成本及体积，代表着近年来天线技术的重要成就。目前，AiP技术正助力太赫兹、物联网和5G移动通信发展，其研发一方面向更高的频率扩展，另一方面则围绕IoT及毫米波移动通信5G芯片展开。实现更高频率AiP技术的关键在于减少材料损耗及提高工艺精度，5G AiP技术的难点是如何实现高辐射效率及低成本量产。

②前端组件类。

“十三五”时期，广东省发表的5G领域前端组件类SCI论文（图4-6）主要研究谐振器、滤波器、传感器、功率放大器、耦合器，以及以互补金属氧化物半导体（Complementary Metal Oxide Semiconductor，CMOS）和第三代化合物半导体氮化镓（GaN）为代表的各类集成电路芯片。各类器件中，以滤波器研究较为广泛，主要包括声表面波滤波器、带通滤波器等，如表4-6所示。

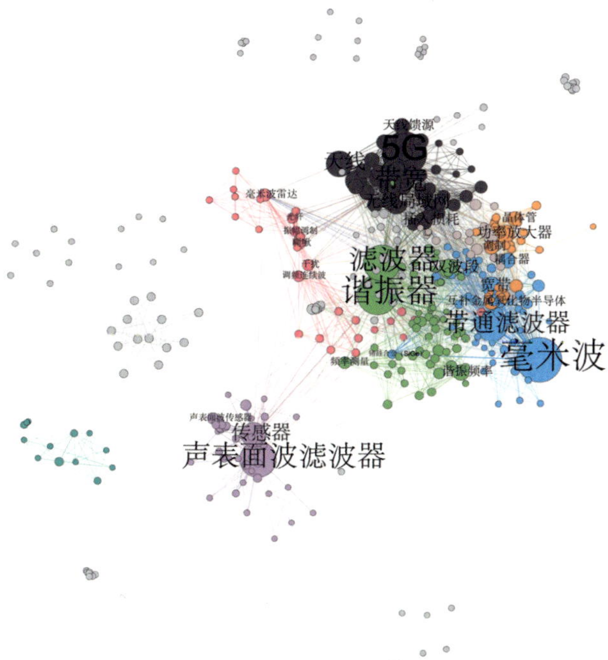

图4-6 “十三五”时期5G领域前端组件类SCI论文的关键词共现图谱

表4-6 “十三五”时期5G领域前端组件类SCI论文关键词共现图谱中的代表性模块

	Group 1	度	Group 2	度	Group 3	度
1	surface acoustic wave	89	resonators	100	millimeter wave	113
2	sensor	57	filter	90	bandpass filter	76
3	SAW sensor	20	dual-band	43	wideband	42
4	—	—	resonant frequency	32	coupler	30
5	—	—	frequency measurement	22	SiGe	13

	Group 4	度	Group 5	度	Group 6	度
1	power amplifier	41	millimeter wave radar	24	5G	111
2	CMOS	30	chirp	22	bandwidth	81
3	modulation	30	interference	20	antennas	61
4	transistors	29	frequency modulated continuous wave	19	wireless LAN	48
5	—	—	amplitude modulation	18	insertion loss	37
6	—	—	optical fibers	18	antenna feeds	33

滤波器能滤除信号通道中不需要的频率分量，在信号处理电路中发挥着重要作用。声学滤波器是当前射频前端模块中最核心的元器件之一。声学滤波器包括声表面波（SAW）和声体波（Bulk Acoustic Wave，BAW）滤波器。SAW滤波器技术已很成熟，但由于其自身的局限性，只能满足中等性能需求的应用，且其性能易受温度变化影响，通常的替代解决方案是使用温度补偿型滤波器。在5G通信技术的连续推动下，声学滤波器进一步朝着小型化、高频化及集成化等方向迈进，其未来发展将面临更低的插入损耗、更稳定的温度特性、更高的功率容量及更新的材料支撑等技术挑战。

射频功率放大器作为整个收发前端的核心功能模块之一，可直接影响设备的通信质量、信号发射和接收能力、电池续航等重要指标。为适应数据传输速率的急剧增长以及大规模MIMO技术的应用，需研究新的设计方案以进一步提高功率放大器的效率和线性化。此外，还需要发展数字预失真线性化技术以适应大规模MIMO系统，同时需要创新线性增强技术来提高补偿精度和降低功耗。

在放大器芯片材料方面，硅基CMOS工艺兼具低成本和高集成度的优势，再结合架构改进等优化方案，使其在毫米波频段极具商用吸引力，是实现5G射频模组全集成化的理想选择。

③基带类。

“十三五”时期，广东省发表的基带类SCI论文（图4-7）重点研究非正交多址技术（NOMA）、中断概率、Polar（极化）编码、译码、奇偶校验码和LDPC编码，如表4-7所示。

非正交多址（NOMA）是一种前沿的物理层技术，允许多用户共享同一时空资源，增加了可接入用户数量，改善了频谱效率，可以满足下一代移动通信系统低时延、低功耗、高可靠、高吞吐量、广覆盖等需求。NOMA的潜在研究方向包括扩频序列或码本设计、与MIMO相结合、接收机设计、与认知无线电相结合、信道估计、全双工NOMA等。其中，MIMO技术凭借其在空间自由度、消除空间干扰和降低实施复杂度上的优势，已在两用户、多用户、大规模连接和异构非正交多址接入系统中被广泛应用。

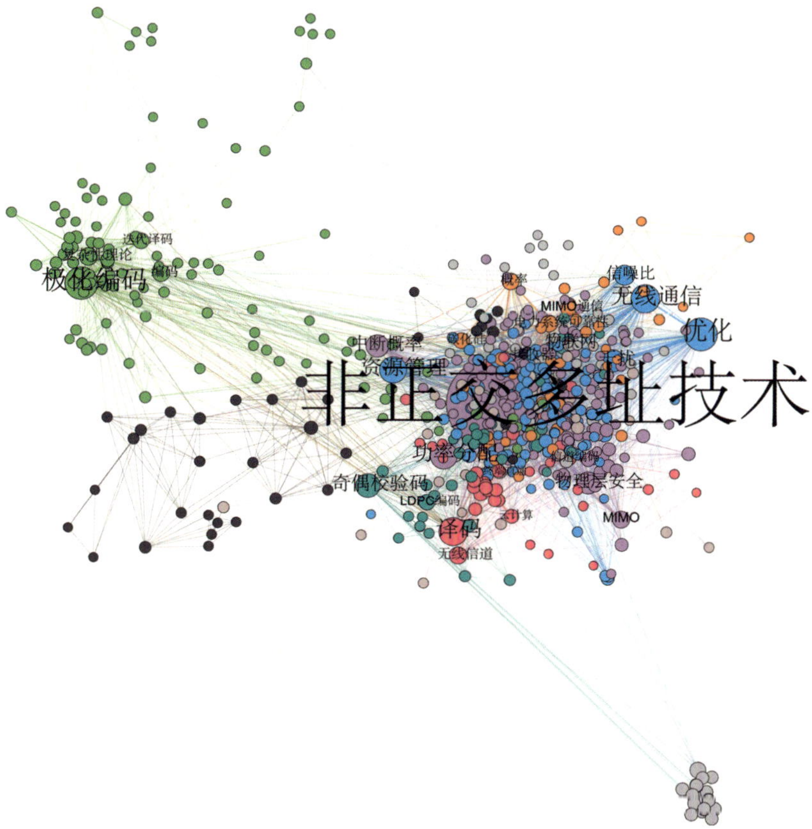

图4-7 “十三五”时期5G领域基带类SCI论文的关键词共现图谱

表4-7 “十三五”时期5G领域基带类SCI论文关键词共现图谱中的代表性模块

	Group 1	度	Group 2	度	Group 3	度
1	NOMA	382	polar codes	112	optimization	114
2	power allocation	85	complexity theory	42	wireless communication	92
3	outage probability	64	encoding	39	resource management	84
4	physical layer security	63	iterative decoding	34	interference	67
5	MIMO	39	—	—	signal to noise ratio	54

	Group 4	度	Group 5	度	Group 6	度
1	power system reliability	38	decoding	91	parity check codes	71
2	pProbability	38	wireless channels	40	IoT	60
3	MIMO communication	36	channel coding	30	LDPC codes	34
4	silicon carbide	33	cloud computing	25	—	—

极化码和LDPC编码均被采纳为5G控制信息传输的信道编码方案。为应对5G对通信系统的可靠性和频谱效率提出的更高要求，需要解决逼近信道容量极限以提升系统性能的问题，因此需要以极化码为基础，研究面向数据信道的极化编码传输技术。基于极化编码的新型混合自动重传请求（Hybrid Automatic Repeat reQuest，HARQ）方案能够显著提高无线传输性能，满足5G乃至6G移动通信系统需求。但极化码HARQ在实用化过程中还有通用构造、自解码特性设计、联合译码以及与调制多天线等信号传输技术的联合设计等问题需要解决。极化码HARQ与其他信号处理技术的联合设计将是未来主流研究方向之一。作为最佳纠错码之一的LDPC编码，其具有显著的编码性能和效率，近年来受到了广泛关注。其拥有支持灵活的编码和码长、易于硬件实现、译码时延性能和高吞吐量的优势。

④核心网。

“十三五”时期，广东省发表的核心网SCI论文（图4-8）主要围绕无线接入网（RAN）、移动边缘计算、资源配置、切片网络和超密集网络等方面开展研究，如表4-8所示。

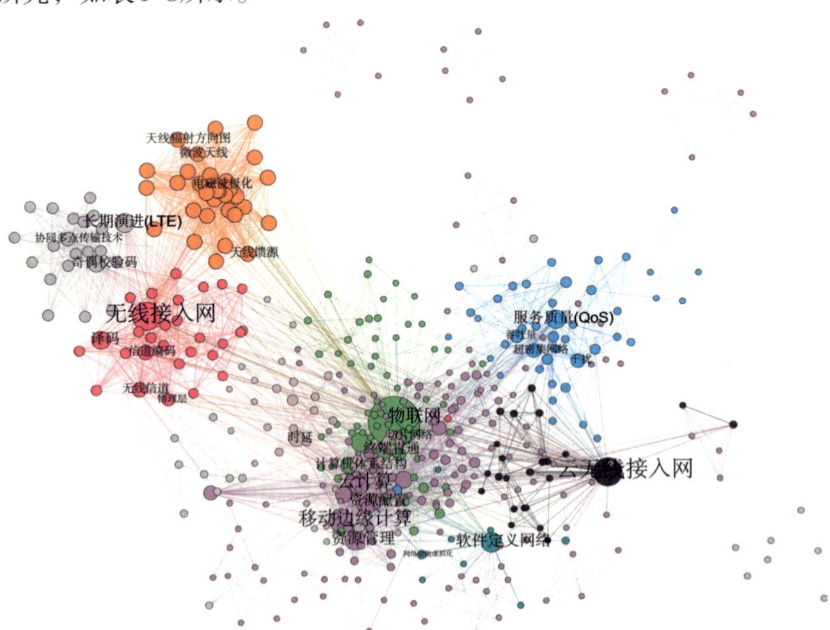

图4-8 “十三五”时期5G领域核心网SCI论文的关键词共现图谱

表4-8 “十三五”时期5G领域核心网SCI论文关键词共现图谱中的代表性模块

	Group 1	度	Group 2	度	Group 3	度
1	mobile edge computing	60	internet of things	57	quality of service	44
2	cloud computing	59	device-to-device	41	ultra dense network	29
3	resource management	49	computer architecture	38	interference	29
4	resource allocation	43	network slicing	32	throughput	26

	Group 4	度	Group 5	度	Group 6	度
1	antenna feeds	34	radio access networks	75	LTE	46
2	antenna radiation patterns	34	decoding	43	parity check codes	38
3	electromagnetic wave polarisation	34	channel coding	33	delays	36
4	microwave antennas	34	wireless channels	33	coordinated multi-point	29
5	—	—	physical layer	25	—	—

Gartner（高德纳咨询公司）、IEEE（Institute of Electrical and Electronics Engineers，电气与电子工程师协会）等权威机构将边缘计算作为2020年十大技术方向，中国科学院和中国工程院在《2020研究前沿》《全球工程前沿2020》中将边缘计算列入信息领域十大技术前沿。5G等新型网络架构明确将边缘计算定义为重要组成部分。边缘计算与网络技术不断融合，推动网络智能化、协同化演进，实现计算与网络等多维度资源协同调度优化。目前，学术界对边缘计算的研究主要聚焦两大类关键技术方向，一是与边缘计算直接相关的边缘原生类技术，目前以计算迁移、边缘智能为代表；二是边缘计算与各类ICT（信息与通信技术）前沿技术交叉的边缘融合类技术，目前的研究热点包括边缘计算+区块链、算网融合等。

目前网络切片技术的研究主要针对无线或光等单一技术维度，而未来5G无线接入网络将是一个面向无线、光以及计算协同的融合型网络。因此如何构建端到端的网络切片是未来研究的重要发力点。端到端网络切片功能具有三大特征：切片能力灵活编排、切片资源动态管理、切片业务跟踪隔离，这些特点可以支持运营商灵活地部署业务并充分利用网络资源。目前仍需进一步发展和提升的技术包括：相邻NG-RAN基站间、集中单元和分布单元网元节点间并不能有效地交互各个NG-RAN侧切片的工作状态和负荷等信息，因此尚不能在标准层面对切片业务的RRM（Radio Resource Management，无线资源管理）策略进行跨节点处理优化，从而导致切片资源的非优化利用。

为全面提升网络性能以满足5G时代不断增长的用户带宽需求，无线接入网正逐步演进为一种融合型网络，表现为用户的无线接入与数据的光传输相融合。如何协同多维资源、优化网络性能是光与无线融合网络中的重要难题，需要：①打破异构资源之间的物理约束、联合调度多维资源，实现无线接入与光传送之间的高效协同；②解决基带处理与光传送间的矛盾，降低网络成本/能耗。

为满足5G 超大数据流量与超高用户数据传输速率的需求，除了拓宽无线频谱和扩大天线规模外，超密集网络是另一个有效解决方案。异构拓扑、不规则覆盖、宽频带、较低移动性及超高数据传输速率都是超密集网络的优势。但是小区部署的密集化会产生同频干扰、用户频繁切换、能量效率、站址选择、接入与回传联合设计等问题，因此优化超密集网络技术是业界需要不断研究的课题。

⑤产业应用类。

广东在“十三五”时期重点展开了5G在物联网（IoT）、云计算、无人机、轨道交通、深度学习、深度强化学习、传感器、虚拟现实等方面的应用研究，见图4-9和表4-9。

物联网技术是当前的研究热点之一，因其包含大量物联设备，所以会产生较多、较复杂的数据信息，使得其受到流量限制，4G通信技术难以满足物联网发展需求。5G移动通信技术则在物联网中具备一定的应用优势，包括：覆盖连续宽广、热点容量高、低延时、高可靠、低功耗等，使物联网既能够满足大规模的数据传输要求，又能够缩短任务执行的延时时间，提高通信任务工作效率。但目前仍需研究适合5G大规模物联网业务的新型网络架构。

在云计算技术平台中，存储和分析该数据可以进一步提高终端设备的计

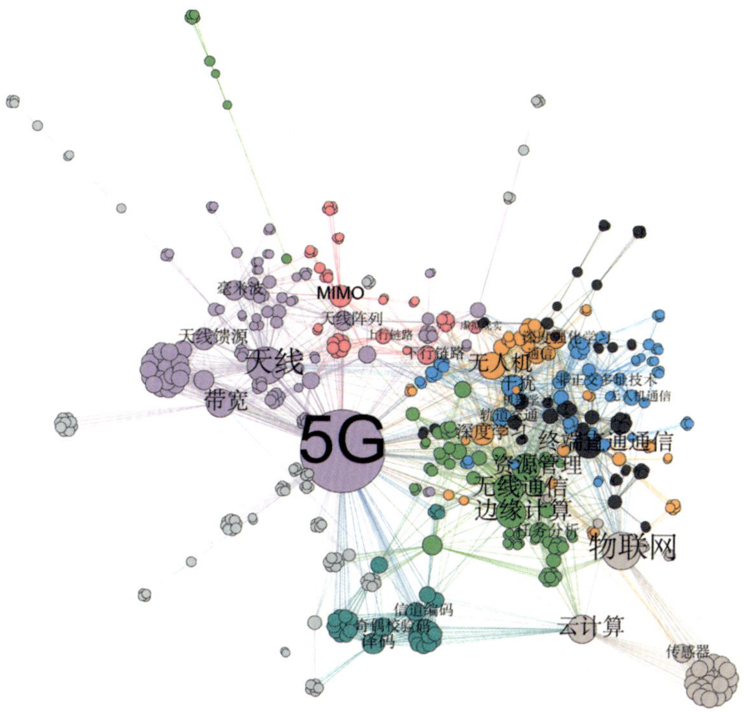

图4-9　“十三五”时期5G领域产业应用类SCI论文的关键词共现图谱

表4-9　“十三五”时期5G领域产业应用类SCI论文关键词共现图谱中的代表性模块

	Group 1	度	Group 2	度	Group 3	度
1	5G	222	edge computing	67	interference	45
2	antenna	88	wireless communication	66	trajectory	31
3	bandwidth	61	resource management	60	NOMA	31
4	antenna feeds	42	task analysis	36	UAV（Unmanned Aerial Vehicle，无人机）communications	26
5	antenna array	35	—	—	—	—
6	millimeter wave	35	—	—	—	—

	Group 4	度	Group 5	度	Group 6	度
1	unmanned aerial vehicle	57	MIMO	42	IoT	88
2	deep learning	43	downlink	32	cloud computing	61
3	deep reinforcement learning	32	uplink	21	sensors	32
4	communications	25	virtual reality	16	—	—

算能力和分析能力，以及数据的传输速率和处理能力。5G通信系统使用和共享云计算技术，可利用5G的优势来连接大量在线服务器并充分利用分布式网络资源的高度集成。5G时代，云计算的发展趋势主要为：①中国云计算市场的IaaS（Infrastructure as a Service，基础设施即服务）、PaaS（Platform as a Service，平台即服务）、SaaS（Software as a Service，软件即服务）服务模式继续协同发展；②全栈云服务是云服务商应对企业多样化需求的必然之路；③多云成为普遍需求，跨云管理、数据和服务迁移成为重要技术手段；④边缘计算成为云服务商新的竞争热点；⑤云网融合的有效协同将成为云服务商的巨大优势。

⑥第三代半导体材料。

“十三五”时期，广东省科学家在第三代半导体材料方向研究了氧化镓、氮化镓、氧化铟镓锌（Indium Gallium Zinc Oxide，IGZO）薄膜晶体管、氮化硼、氮化铝、石墨烯等材料（图4-10）。重点研究方向包括：化学气相沉积法制备氧化镓和氮化镓材料、IGZO薄膜晶体管、氮化硼等二维材料

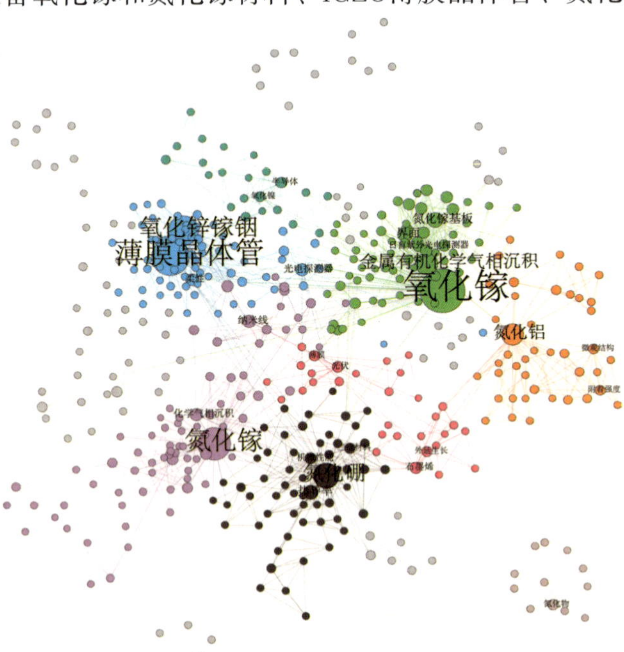

图4-10 “十三五”时期5G领域第三代半导体材料SCI论文的关键词共现图谱

的热导率和机械性能、氮化铝的附着强度和微观结构、石墨烯薄膜的外延生长，如表4-10所示。

表4-10 “十三五”时期5G领域第三代半导体材料SCI论文关键词共现图谱中的代表性模块

	Group 1	度	Group 2	度	Group 3	度
1	GaN	61	Ga_2O_3	87	thin-film transistor	72
2	nanowire	16	MOCVD	37	IGZO	54
3	chemical vapor deposition	15	GaN substrate	21	photodetector	15
4	—	—	interface	20	flexible	14
5	—	—	solar-blind ultraviolet photodetector	12	—	—

	Group 4	度	Group 5	度	Group 6	度
1	boron nitride	46	AlN	36	graphene	14
2	thermal conductivity	20	adhesion strength	10	photovoltaic	12
3	mechanical properties	13	microstructure	10	epitaxial growth	11
4	2D material	11	—	—	thin films	11

4.1.1.5 基础研究主题演变分析

对比分析2018—2020年的SCI论文关键词，发现MIMO技术一直是近三年的研究热点，而非正交多址接入（NOMA）、阵列信号处理、深度学习和无人机这四个关键词在2019—2020年期间出现频次增长较快。以下内容分别概述了MIMO技术、非正交多址接入、无人机通信、深度学习所面临的挑战和未来研究方向。

（1）大规模MIMO技术。

大规模MIMO无线通信能够充分利用空间维度无线资源，极大地提高无线通信频谱效率和功率效率，是5G移动通信的关键技术之一，并将是未来超5G和6G移动通信最重要的研究方向之一。大规模MIMO技术的未来研究方向包括：超大孔径阵列、全息大规模MIMO、六维定位、大规模MIMO雷达和智能大规模MIMO。

一个超大孔径阵列包括数百个甚至数千个分布式基站天线，能联合服务多个用户，可以提供更高的空间自由度，还可以同时服务更多的用户以提升系统频谱效率。网络内不同用户的信号空间彼此正交，互不干扰，从而可以服务成千上万的物联网设备。该技术目前面临的挑战包括：以分布式或分层方式实现抗干扰预编码/组合方案、信道模型、难以预测其对超可靠、低延迟通信服务的影响。

全息大规模MIMO通过最小化天线单元的尺寸和间距将无限个天线单元以空间连续的TX（transport，发送）和RX（receive，接收）孔径的形式集成到有限的表面积中。使用“连续”孔径可以获得比传统大规模MIMO更高的空间分辨率，为每个用户形成更细的波束，这样几乎可以消除用户间的干扰。全息大规模MIMO是极具挑战性的研究领域，其研究进展取决于精通通信理论和电磁理论研究人员的研究进展情况。

高频载波和大规模分布式天线阵列的结合，不仅可以实现传统的三维立体定位，同时还可以实现终端的三维方向定位，即实现六维定位。该技术面临的挑战包括：①不同频率下几何位置相关信道模型的实用性问题；②定位与通信的交互；③现有信道模型和算法可用，但存在许多工程问题，如需要在BSS（Business Support System，业务支撑系统）与用户之间进行同步；④隐私和安全问题，甚至包含定位技术的双重使用或误用问题。

大规模MIMO雷达需解决的主要问题包括：设计用于检测和估计的信号处理算法；满足大规模分集和空间分辨率需要的新的目标和杂波统计模型；实现低成本制造具有数百个天线的大规模雷达系统。

智能大规模MIMO面临的挑战包括：通信系统在微秒到纳秒时间尺度上实现实时机器学习；运用机器学习/RL（Return Loss，回波损耗）处理大规模手机网络中日益复杂的无线资源管理优化问题；技术带来的机器学习模型管理。

（2）非正交多址接入。

非正交多址接入（NOMA）通过功率域或编码域的复用允许不同用户占

用相同的时间、频率和空间资源进行数据传输，这可以满足5G时代的高频谱效率、海量连接需求。NOMA是应对5G通信系统挑战最有前途的技术之一，是近年来研究的热点。

MIMO-NOMA：MIMO在非正交多址接入技术中的应用近年来引起了学术界及相关行业的极大关注。目前研究较多的MIMO-NOMA设计包括：①基于集群的MIMO-NOMA设计，将用户划分为多个不同集群。②基于波束成形的MIMO-NOMA设计，该技术将不同波束分配给不同用户。③在基于混合预编码（Hybrid Precoding，HP）的MIMO-NOMA系统中应用无线携能通信（Simultaneous Wireless Information and Power Transfer，SWIPT），联合优化毫米波大规模MIMO-NOMA的功率分配和无线携能通信的功率分配因子，以实现更高的频谱效率和能量效率。④大规模MIMO-NOMA设计。MIMO-NOMA技术需要有效的发射器信道状态信息（Channel State Information at Transmitter，CSIT）评估技术支持。同时，信道估计的稀疏域选择也具有课题研究的意义。

NOMA与协作通信间的相互作用：①协作NOMA技术，关键是依靠信号强的NOMA用户作为译码转发（Decode-Forward，DF）中继来帮助信号弱的NOMA用户，具有系统冗余低、更公平、分集增益高等优势。②NOMA在基于协作传输网络中的应用，与协作通信相互支持，中继和协同多点传输（Coordinated Multiple Points Transmission/Reception，CoMP）进一步提高协作网络的性能。

NOMA网络中的资源管理：NOMA网络的主要挑战之一是通过智能控制叠加信号的功率分配，动态调度子信道的用户或形成空间相关的集群，在网络带宽效率和能量效率之间找到一个合适的折中方案。该领域重点关注功率控制和用户/资源分配。此外，软件定义NOMA也是令人关注的5G网络架构。

NOMA与认知无线电网络融合需解决以下问题：①频谱感知方面，需对传统频谱感知算法进行性能分析，并使用NOMA开发新的频谱感知算法。②大规模MIMO方面，研究稳健的波束成形设计和盲估计算法。③能量收集方面，存在能量收集效率和物理层安全性上的问题。④毫米波通信方面，需进行波束成形设计和新机制设计。⑤协同传输需关注服务质量要求。⑥资源配置与优化可进行多目标优化和鲁棒优化。

NOMA与面向5G及以后其他技术的兼容性：NOMA与异构网络（HetNets）、毫米波通信、设备到设备（D2D）通信均可兼容，但在这些场景中采用NOMA会增加对现有网络的同信道干扰。因此，需要智能管理干扰。

NOMA目前面临的挑战还包括：需要进行深入的理论分析来指导相关的系统设计、基于串行干扰消除（Successive Interference Cancellation，SIC）接收器的错误传输、信道估计误差和复杂性、安全保障、通过射频无线功率传输保持NOMA的可持续性、扩频序列和码本设计、资源配置、精确的模数转换（Analog to Digital，A/D）和精准同步等。

（3）无人机通信。

无人机通信目前的重点研究方向如下：①5G/超5G无线通信中的天-空-地（space-air-ground）一体化网络架构，需注意信道建模、无人机卫星通信部署、路径规划、运行高度、干扰动力学、电量限制、回程移动通信、网络安全、实时需求等方面存在的挑战。②物理层技术对5G网络中无人机通信的系统性能十分重视，目前研究的主要有毫米波无人机辅助移动网络、无人机NOMA传输、基于认识网络的无人机通信和无人机网络能量收集。③不同层级的集成给网络层技术研究带来了新的挑战，这些挑战主要体现在无人机辅助异构网络（HetNets）、联合无人机、端到端（D2D）通信、软件定义无人机网络领域。④通信、计算与缓存能力融合，目前的应用涉及基于无人机的移动边缘计算和基于无人机的缓存。

无人机与5G技术相结合极具发展潜力，但无人机辅助无线网络的研究仍处于起步阶段，目前未解决的问题和未来发展方向包括：充电效率，无人机-无人机和卫星-无人机通信，天基网络、空基网络和陆地移动网络无缝集成的创新技术，无人机和物联网系统的协同作用，安全和隐私问题，天-空-地一体化车载网络，网络/计算和缓存的集成，环境的不确定性，空地信道模型，最佳用户集群和用户配对算法，基于无人机的天线阵列系统等。

（4）深度学习。

深度学习是机器学习领域最重要的研究方向之一，其大多数模型都基于人工神经网络（ANN）。对深度学习的研究使机器学习更易于实现人工智能目标。针对6G无线信号特征，基于深度学习的信号处理研究方向主要包括：①基于深度学习的信道估计技术，研究基于卷积神经网络（Convolutional Neural Network，CNN）或长短期记忆网络（Long Short-Term Memory，LSTM）模型的空-时-频三维信道估计算法，可为移动终端的接收检测提供更加准确、可靠的信道估计。②基于深度学习的干扰检测与抵消技术。

深度学习可有效解决通信和网络中的各种问题，包括动态网络访问、数据速率控制、无线缓存、数据卸载、网络安全、保持连接、流量路由、资源共享和调度以及数据收集等。其面临的挑战有：在密集网络中确定临时基站、掌握干扰发射台的信道信息、动态异构网络（HetNets）中的多代理深度学习、深度学习框架需要大量数据用于培训和性能评估。

深度学习未来的研究方向包括：用于无线通信信道估计的深度学习技术、用于优化众包服务的深度学习技术、用于无线通信加密货币管理的深度学习技术和用于资源配置的深度学习技术。

4.1.1.6 资助来源分析

表4-11分析了“十三五”时期广东省在5G领域SCI论文的资助来源情况，共有1837篇SCI论文获得基金资助，占比91.39%。其中有1406篇SCI论文获得国家自然科学基金支持，占比高达69.95%。资助来源排名前十的省级项目包括广东省自然科学基金、广东省科技计划项目和广东省重点领域研发计划，共资助SCI论文603篇，占比30.00%；市级项目则集中在深圳和广州，资助SCI论文422篇，占比20.99%。

其中，获得广东省重点领域研发计划支持的SCI论文共145篇，占比7.21%。可见，SCI论文的资助来源以自然科学基金等基础研究类项目基金为主；广东省重点领域研发计划等以应用研究为主的资助项目，论文类成果产出相对较少。

从高被引论文的资助来源情况来看，获得国家自然科学基金支持的ESI高被引论文数量最多，共30篇，占比为2.13%；ESI高被引论文占比最高的资助来源是广州市科技计划项目，占比为4.67%；获广东省科技计划项目资助的ESI高被引论文共5篇，占比为2.16%。

表4-11 "十三五"时期5G领域SCI论文的资助来源情况

排序	资助基金名称	数量/篇	ESI高被引论文数量/篇	ESI高被引论文占比
1	国家自然科学基金	1406	30	2.13%
2	广东省自然科学基金	375	9	2.40%
3	中央高校基本科研业务费资金项目	240	7	2.92%
4	广东省科技计划项目	231	5	2.16%
5	国家重点研发计划	209	2	0.96%
6	广州市科技计划项目	150	7	4.67%
7	广东省重点领域研发计划	145	0	0
8	深圳市基础研究项目	121	2	1.65%
9	深圳市科技计划项目	95	1	1.05%
10	深圳市科技创新委员	78	0	0

4.1.2 应用研究态势

4.1.2.1 应用研究活跃度

2011—2020年，广东省5G关键技术专利申请数量达20410件，合并同族后共12928个专利族。其中"十三五"时期专利申请量达18007件，占近十年专利申请量的88.23%，合并同族后共11414个专利族，占近十年专利族的88.29%。2011—2020年广东省申请号合并后申请与公开专利的数量如图4-11所示。

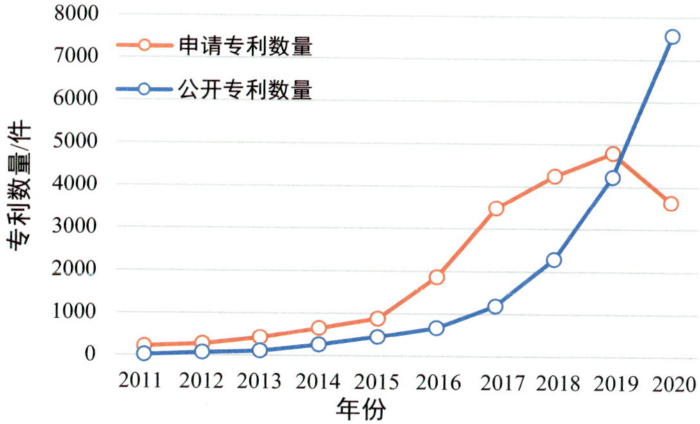

图4-11　2011—2020年广东省申请号合并后申请与公开数量

从专利申请趋势可见，自5G概念首次提出后，在2015年以前，其应用研究一直处于萌芽期，专利布局较小，2015年5G关键技术专利申请量仅为873件。"十三五"后，5G进入成长期，专利布局逐渐活跃，2017年后5G关键技术专利数量显著攀升，这得益于相关研究机构竞相投入大量资金和研发力量开展5G技术的研发，商用步伐加快。截至目前，2019年和2020年专利申请量已分别达到4788件和3634件（由于2019、2020年部分专利申请还未公开，实际数据更高）；2020年公开专利申请量达7567件，这表明介入的创新主体日渐增多，当前5G专利布局非常活跃，技术商品化程度不断提高。

从图4-12可以看出，在5G子领域中，专利布局较多的为天线类和核心网，其次是前端组件类和基带类，第三代半导体材料的专利数量较少。图4-13至图4-18分别绘制了第三代半导体材料、前端组件类、天线类、基带类、核心网、产业应用类等5G子领域在2011—2020年期间申请号合并后专利申请与公开数量趋势。

总体上，各子领域的年度发展态势基本与5G专利总体发展趋势的萌芽期、成长期保持一致。相比较而言，天线类和核心网两个子领域受到更多创新主体的青睐，其专利申请与公开数量领先于其他领域，专利数量增长趋势明显，而第三代半导体材料和基带类两个子领域发展较为缓慢，需要加大科

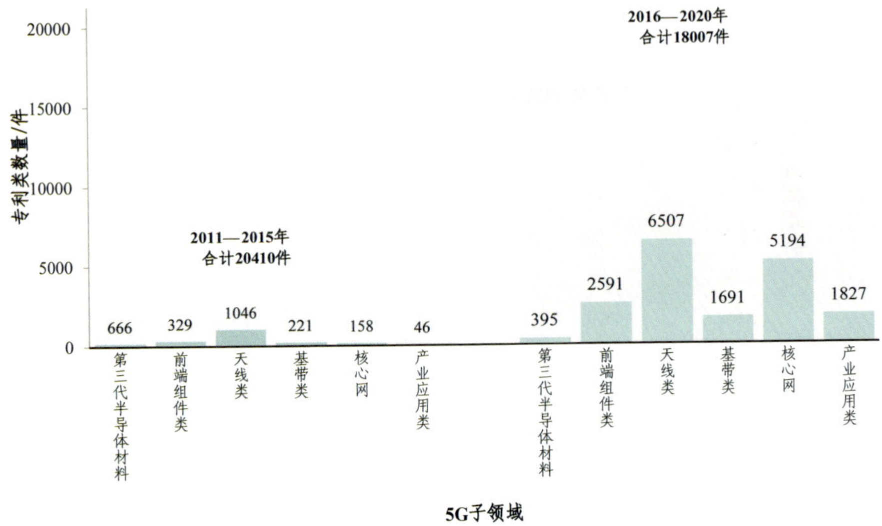

图4-12　2011—2020年5G各子领域专利布局趋势

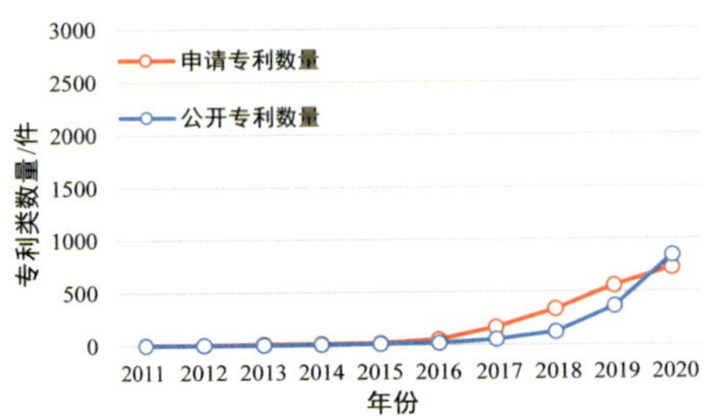

图4-13　2011—2020年第三代半导体材料专利申请与公开数量

图4-14　2011—2020年前端组件类专利申请与公开数量

图4-15　2011—2020年天线类专利申请与公开数量

图4-16　2011—2020年基带类专利申请与公开数量

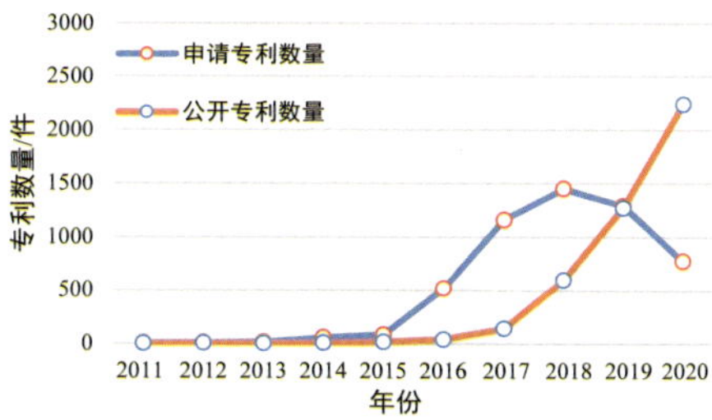

图4-17 2011—2020年核心网专利申请与公开数量

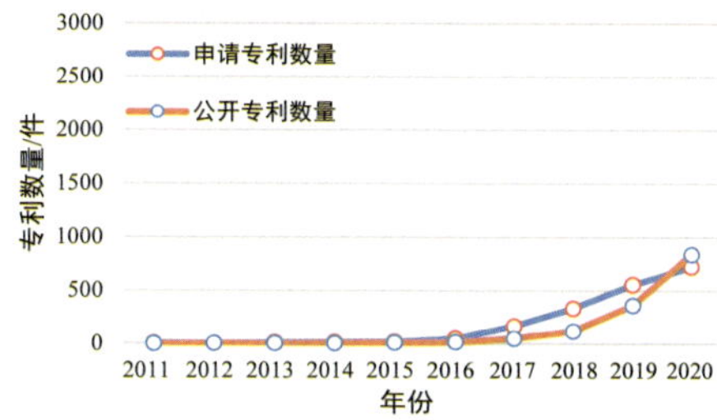

图4-18 2011—2020年产业应用类专利申请与公开数量

技投入以争取更多的市场话语权，避免“卡脖子”技术的牵绊与中美贸易争端带来的负面影响。

4.1.2.2 应用研究影响力分析

从“十三五”时期广东省在5G关键技术的全球部署情况（图4-19、表4-12）来看，其在国内共申请了9303件专利；PCT（专利合作条约）申请达到了4112件，占广东省“十三五”专利申请总量的22.84%；欧洲专利局（EPO）申请达到了1269件，占广东“十三五”专利申请总量的7.05%。由此可见，在5G关键技术领域，相关机构非常注重专利的全球化保护，另外，广东省内机构还注重基于同族专利进行海外市场知识产权布局与市场开发。

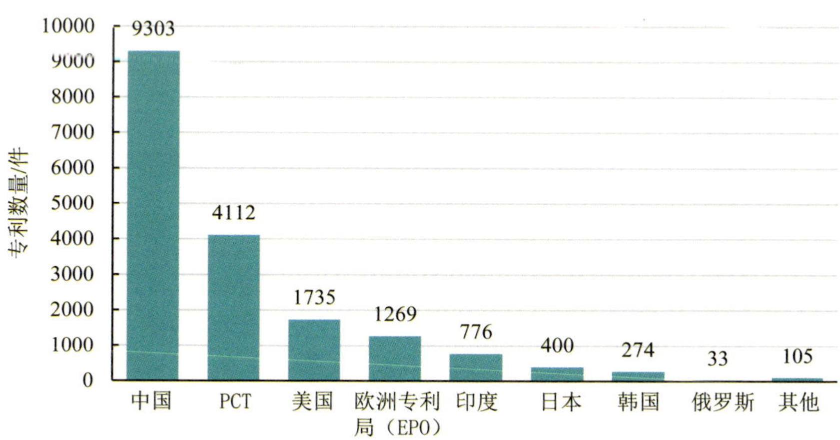

图4-19 “十三五”时期5G领域应用研究活跃度（总体情况）

此外，美国、印度、日本和韩国也是广东重点布局专利的国际市场，其关键技术专利申请数量分别为1735件、776件、400件和274件。

表4-12　“十三五”时期5G领域各国专利布局

	第三代半导体材料	前端组件类	天线类	基带类	核心网	产业应用类	5G合计
中国	353	1672	3521	615	1760	1366	9303
PCT	33	501	1554	429	1447	268	4112
美国	6	183	652	237	645	74	1735
欧洲专利局（EPO）	2	97	420	158	559	46	1269
印度	—	69	244	130	324	18	776
日本	—	32	90	64	204	18	400
韩国	—	34	18	32	173	29	274
俄罗斯	—	2	1	12	14	5	33
其他	1	1	7	14	68	3	105
合计	395	2591	6507	1691	5194	1827	18007

第三代半导体材料方面，广东省省内机构“十三五”时期的专利申请量为395件（图4-20）。所申请专利基本集中在国内，为353件，占89.37%；PCT申请量仅为33件，占8.35%。广东省内机构在此领域的竞争力较弱，应

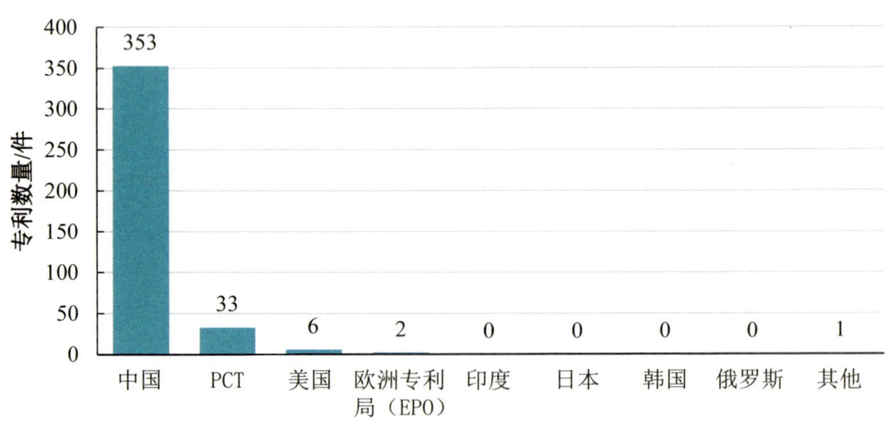

图4-20　“十三五”时期第三代半导体材料应用研究活跃度

该加大基础性研究力度，加强企业与高校和科研院所的技术联合，大力发展第三代半导体材料相关技术。

前端组件方面，广东省内机构"十三五"时期的专利申请量为2591件（图4-21）。其中，在国内申请了1672件，占64.5%；PCT申请量为501件，占19.3%。同时，美国、欧洲专利局（EPO）、印度、韩国和日本也是省内机构重点布局专利的国际市场，其关键技术专利申请量分别为183件、97件、69件、34件和32件。

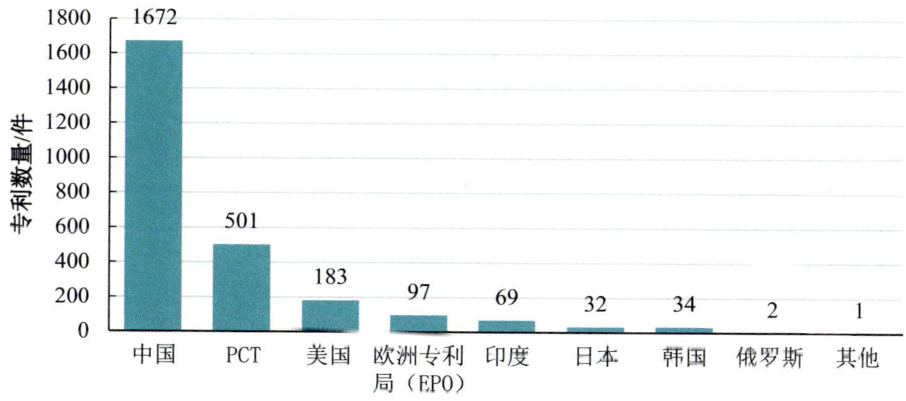

图4-21　"十三五"时期前端组件应用研究活跃度

天线方面，广东省省内机构在"十三五"时期的专利申请量为6507件，是省内机构专利活动最活跃的5G子领域（图4-22）。其中，在国内申请了3521件，占54.1%；PCT申请量为1554件，占23.9%。同时，在美国、欧洲专利局（EPO）、印度和日本的关键技术专利申请量分别为652件、420件、244件和90件。

基带方面，广东省省内机构在"十三五"时期的专利申请量为1691件（图4-23）。其中，在国内申请了615件，占36.37%；PCT申请量为429件，占25.37%。同时，在美国、欧洲专利局（EPO）和印度布局的专利分别为237件、158件和130件。

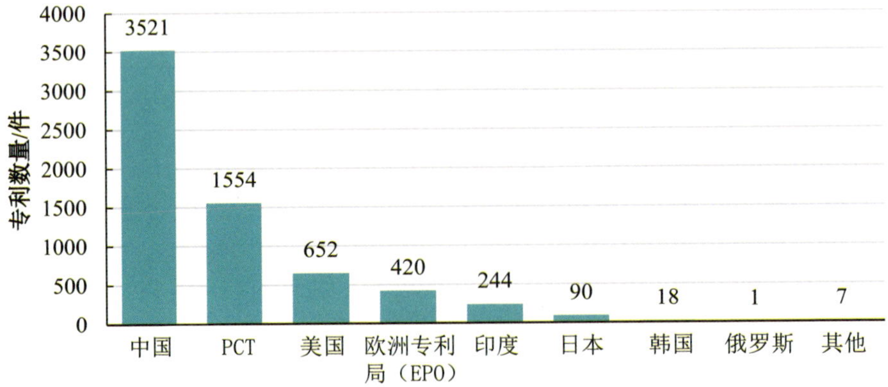

图4-22 “十三五”时期天线应用研究活跃度

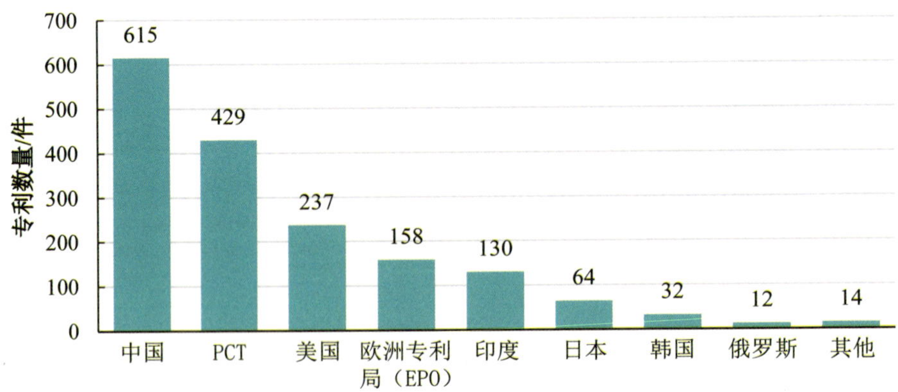

图4-23 “十三五”时期基带应用研究活跃度

核心网方面，广东省内机构在“十三五”时期的专利申请量为5194件，省内机构专利申请活动较为活跃（图4-24）。其中，国内申请专利达1760件，占33.89%；PCT申请量为1447件，占27.86%。同时，在美国、欧洲专利局（EPO）、印度、日本和韩国布局的专利分别为645件、559件、324件、204件和173件。

5G应用方面，广东省省内机构在“十三五”时期的专利申请量为1827件（图4-25）。其中，在国内申请专利达1366件，占74.77%；PCT申请量为268

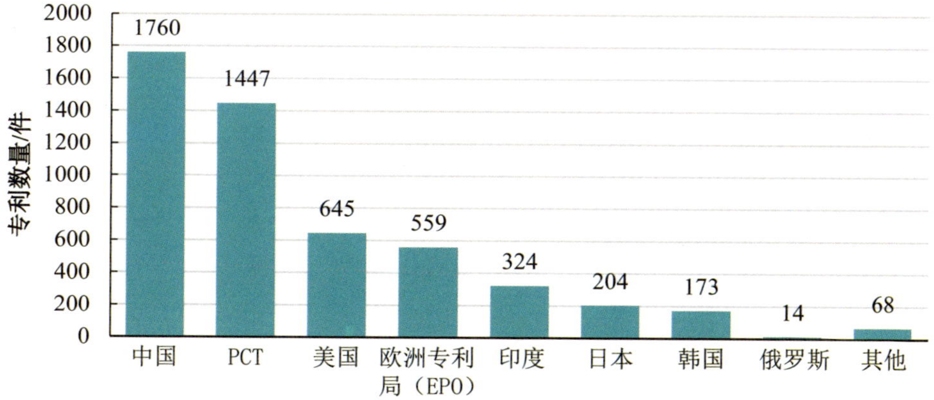

图4-24 “十三五”时期核心网应用研究活跃度

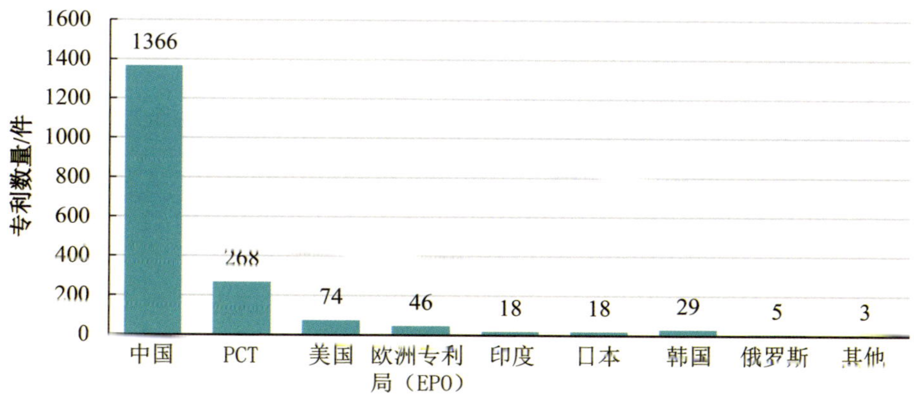

图4-25 “十三五”时期5G应用研究活跃度

件，占14.67%；在美国申请专利74件，占4.05%。

4.1.2.3 应用研究城市影响力分析

城市方面，深圳在前端组件类、天线类、基带类、核心网和产业应用类等子领域具有绝对优势；东莞在天线类、核心网和前端组件类等方面实力较强；广州在天线类、前端组件类和第三代半导体材料等方面竞争力较强。

如图4-26和表4-13所示，在第三代半导体材料子领域中，广州、深圳、中山位居前三甲；在其他子领域中，深圳、东莞、广州均位列前三，集中度相对较高。

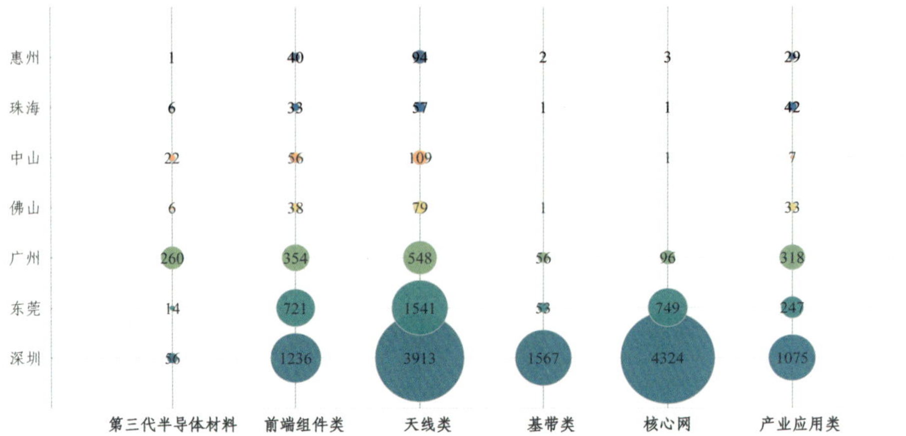

图4-26　广东重点城市应用研究影响力分析

表4-13　广东重点城市应用研究影响力分析

	第三代半导体材料	前端组件类	天线类	基带类	核心网	产业应用类	5G合计
深圳	56	1236	3913	1567	4324	1075	12139
东莞	14	721	1541	53	749	247	2991
广州	260	354	548	56	96	318	1746
佛山	6	38	79	1	—	33	230
中山	22	56	109	—	1	7	167
珠海	6	33	57	1	1	42	158
惠州	1	40	94	2	3	29	155

4.1.2.4　应用研究热点分析

根据IPC（International Patent Classification，国际专利分类）专利分类号进行统计，约90%的专利申请集中在如表4-14所示的10个技术方向上。其中，申请数量最多的领域是无线通信网络（H04W），申请号合并后专利量达到7712件（图4-27），简单同族合并后专利族为4074个（图4-28）；其次是数字信息的传输（H04L），申请号合并后专利量为4721件，专利族为2530个；另外，传输（H04B）和天线（H01Q）的申请号合并后专利量均突破2000件，一般编码、译码或代码转换（H03M）和电数字数据处理（G06F）的申请号合并后专利量均破500件。最后，其他主要的技术分类包括半导体器件（H01L）、图像通信（H04N）、电话通信（H04M）和专门适用于行政、商业、金融、管理、监督或预测目的的数据处理系统或方法（G06Q）。

表4-14 5G专利关键技术构成

序号	IPC	技术领域	申请量（申请号合并）	专利族（简单同族合并）
1	H04W	无线通信网络（广播通信入H04H；使用无线链路来进行非选择性通信的通信系统，如无线扩展入H04M1/72）	7712	4074
2	H04L	数字信息的传输，例如电报通信（电报和电话通信的公用设备入H04M）	4721	2530
3	H04B	传输	2708	1698
4	H01Q	天线（近场治疗处理的微波辐射器入A61N5/04；用于试验天线或测量天线特性的设备入G01R；波导入H01P；微波加热用辐射器或天线入H05B6/72）	2644	2043
5	H03M	一般编码、译码或代码转换（用射流方法入F15C4/00；光学模/数转换器入G02F7/00；专用于特殊应用的编码、译码或代码转换见有关小类，例如G01D、G01R、G06F、G06T、G09G、G10L、G11B、G11C、H04B、H04L、H04M、H04N；专用于密码技术或涉及需要保密的其他目的的编码或译码入G09C）	767	354
6	G06F	电数字数据处理（部分计算是用液压或气动完成的计算机入G06D，用光学完成的入G06E；基于特定计算模型的计算机系统入G06N）	567	474

（续表）

序号	IPC	技术领域	申请量（申请号合并）	专利族（简单同族合并）
7	H01L	半导体器件；其他类目中不包括的电固体器件（使用半导体器件的测量入G01；一般电阻器入H01C；磁体、电感器、变压器入H01F；一般电容器入H01G；电解型器件入H01G9/00；电池组、蓄电池入H01M；波导管、谐振器或波导型线路入H01P；线路连接器、汇流器入H01R；受激发射器件入H01S；机电谐振器入H03H；扬声器、送话器、留声机拾音器或类似的声机电传感器入H04R；一般电光源入H05B；印刷电路、混合电路、电设备的外壳或结构零部件、电气元件的组件的制造入H05K；在具有特殊应用的电路中半导体器件的使用见该应用的小类）	429	385
8	H04N	图像通信，如电视	386	332
9	H04M	电话通信（通过电话电缆控制其他设备，但不包括电话交换设备的电路入G08）	337	261
10	G06Q	专门适用于行政、商业、金融、管理、监督或预测目的的数据处理系统或方法；其他类目不包含的专门适用于行政、商业、金融、管理、监督或预测目的的处理系统或方法	257	243

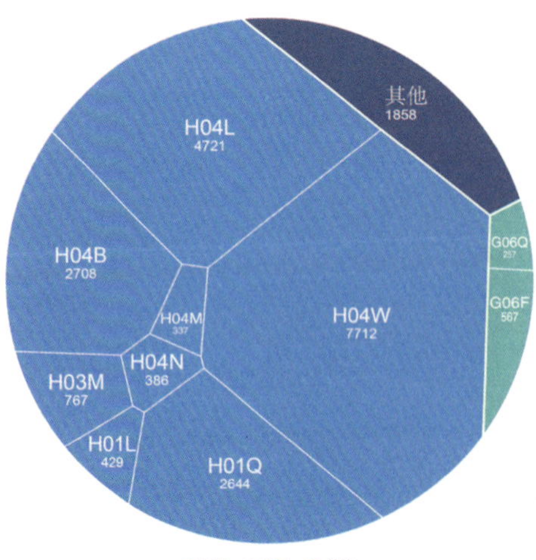

图4-27　申请号合并后专利技术构成

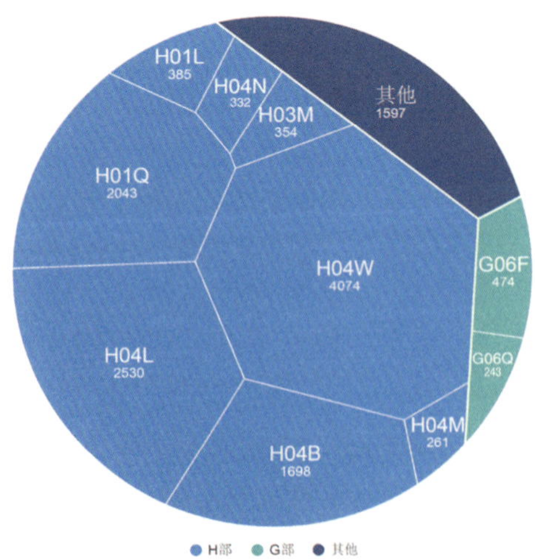

图4-28　简单同族合并后专利技术构成

4.2 机构竞争力分析

4.2.1 基础研究竞争力分析

4.2.1.1 主要产出机构

在“十三五”时期，5G领域SCI论文发文量排名前十的机构如图4-29所示，大部分为高校或科研机构，位列前三的机构依次是深圳大学、华南理工大学（简称“华工”）和中山大学，而且这三所高校的SCI论文发文量均比其他机构多一倍以上。其中，只有华为一家企业进入榜单，而排名前十的非广东地区高校有清华大学、电子科技大学，这说明广东省内的机构在5G领域与这两所高校的合作比较紧密。

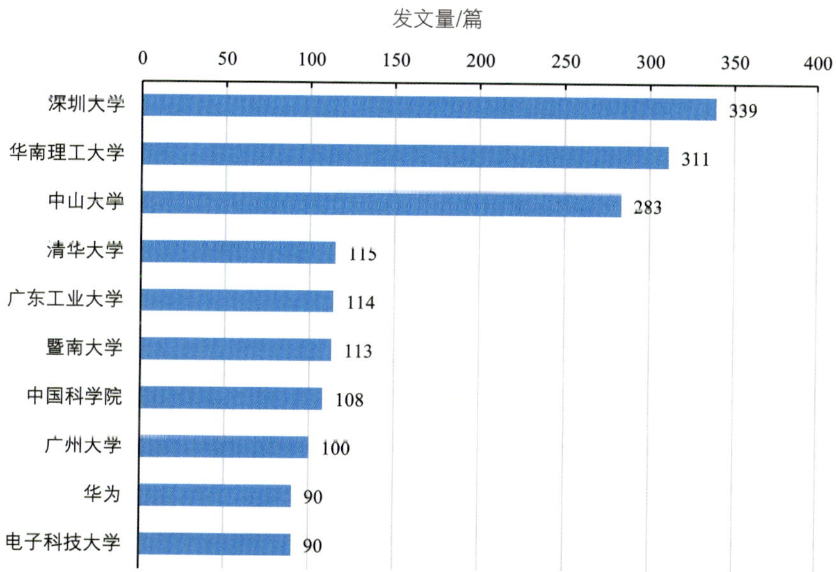

图4-29 “十三五”时期5G领域SCI论文发文量排名前十的机构

从不同技术分支的机构排名（表4-15）来看，六类技术分支SCI论文发文量排名前三的机构基本都是深圳大学、华南理工大学和中山大学，只有核心网位居首位的机构是华为。其中，深圳大学和华南理工大学的产出成果主要为天线类，占自身产出的比例达47%以上；中山大学则在第三代半导体材料方向的发文量排名第一，SCI论文产出占自身论文总发文量的20.14%，华为的核心网成果产出占其总产出的26.67%。

表4-15 "十三五"时期5G领域不同技术分支的SCI论文发文量机构排名

	天线类	发文量/篇	前端组件类	发文量/篇	基带类	发文量/篇
1	深圳大学	162	深圳大学	55	华南理工大学	41
2	华南理工大学	147	华南理工大学	48	中山大学	41
3	中山大学	83	中山大学	32	深圳大学	35
4	清华大学	64	中国科学院	22	暨南大学	34
5	东南大学	57	英国诺桑比亚大学	22	西安电子科技大学	25

	核心网	发文量/篇	产业应用类	发文量/篇	第三代半导体材料	发文量/篇
1	华为	24	深圳大学	38	中山大学	57
2	中山大学	24	华南理工大学	19	华南理工大学	36
3	深圳大学	19	中山大学	15	深圳大学	33
4	电子科技大学	19	鹏城实验室	15	中国科学院	31
5	华南理工大学	13	清华大学	14	北京大学	24

4.2.1.2 机构影响力分析

表4-16分别从篇均被引频次、H指数、ESI高被引论文占比等维度分析了"十三五"时期5G领域SCI论文发文量排名前十的机构的影响力。从篇均被引频次和H指数指标来看，发文质量最高的是中山大学，篇均被引频次为23.68，H指数为31。篇均被引频次排名靠前的机构还有华为、广东工业大学和电子科技大学，篇均被引频次均大于15。H指数指标方面，位列前三的机构分别为华南理工大学、中山大学和深圳大学，华为排名第四，其H指数为26。ESI高被引论文占比方面，排名前三的机构依次为广东工业大学、广州大学和电子科技大学，华为位居第四，其ESI高被引论文占比为3.33%。可见，华为的发文数量虽然不多，但质量较高。

表4-16 “十三五”时期5G领域SCI论文发文量排名前十的机构的引文指标

序号	机构	发文量/篇	总引/次	他引	篇均被引频次/次	H指数	ESI高被引论文占比
1	深圳大学	339	3303	3155	9.74	29	1.77%
2	华南理工大学	311	3908	3743	12.57	32	1.29%
3	中山大学	283	6702	6563	23.68	31	1.77%
4	清华大学	115	1432	1410	12.45	22	1.74%
5	广东工业大学	114	1736	1723	15.23	22	6.14%
6	暨南大学	113	712	679	6.30	15	1.77%
7	中国科学院	108	1450	1440	13.43	19	1.85%
8	广州大学	100	1139	980	11.39	19	5.00%
9	华为	90	1848	1836	20.53	26	3.33%
10	电子科技大学	90	1371	1331	15.23	18	4.44%

4.2.1.3 机构研究热点分析

下面对发文数量和发文质量都名列前茅的深圳大学、华南理工大学和中山大学，以及发文质量较高的企业——华为的研究热点进行分析。

1）深圳大学

深圳大学在天线类和前端组件类的SCI论文产出最多，这两类的SCI论文发文量占其发文总量的比例超过60%。综合分析图4-30与表4-17，深圳大学在5G领域的研究主要围绕以下4个方面，（1）天线类：天线阵列、MIMO、MIMO雷达、阵列信号处理；（2）前端组件类：声表面波滤波器（SAW）、传感器、谐振器等；（3）核心网：资源管理、资源配置、能量收集和边缘计算；（4）基带类：非正交多址技术（NOMA）、预编码。

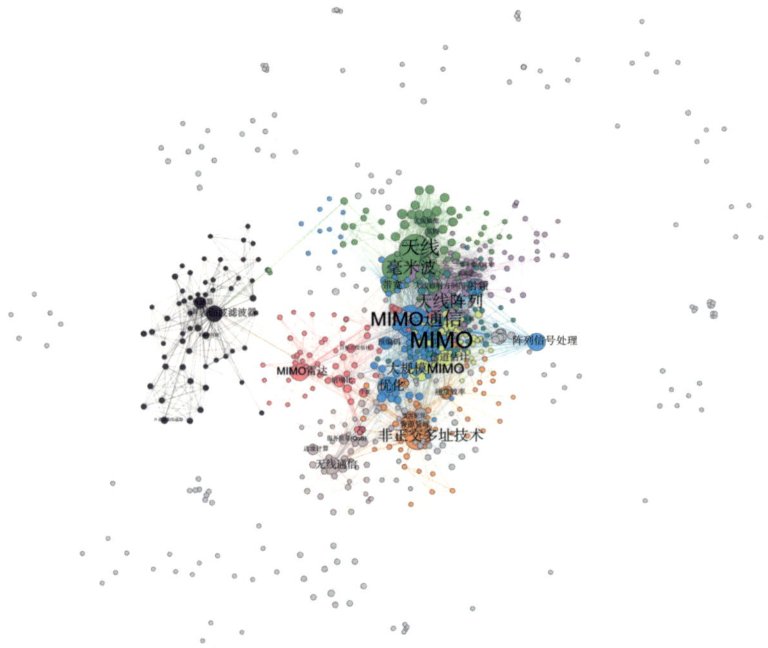

图4-30　"十三五"时期5G领域深圳大学SCI论文的关键词共现图谱

表4-17　"十三五"时期5G领域深圳大学SCI论文关键词共现图谱中的代表性模块

	Group 1	度	Group 2	度	Group 3	度
1	millimeter wave	110	antennas	128	MIMO communication	130
2	antenna arrays	110	bandwidth	58	optimization	80
3	substrate integrated waveguide	26	antenna radiation patterns	38	array signal processing	64
4	resonators	26	substrates	34	radio frequency	62
5	—	—	antenna feeds	31	precoding	41

	Group 4	度	Group 5	度	Group 6	度
1	NOMA	97	MIMO radar	65	surface acoustic wave	57
2	energy efficiency	40	signal to noise ratio	38	sensor	37
3	resource management	40	interference	24	ZnO film	15
4	resource allocation	29	direction-of-arrival estimation	23	SAW sensor	15

（续表）

	Group 7	度	Group 8	度	Group 9	度
1	MIMO	157	wireless communication	63	massive MIMO	85
2	mutual coupling	26	edge computing	32	channel estimation	56
3	—	—	quality of service	28	—	—

2）华南理工大学

华南理工大学SCI论文发文量较多的方向依次为天线类、前端组件类和基带类，占比分别为47.27%、15.43%和13.18%。从图4-31与表4-18可以看出，华南理工大学重点围绕以下4个方向展开5G领域的研究，（1）天线类：MIMO、天线阵列、发射天线、天线馈源技术、阵列信号处理；（2）基带类：非正交多址技术（NOMA）、全双工、正交频分复用技术（OFDM）、

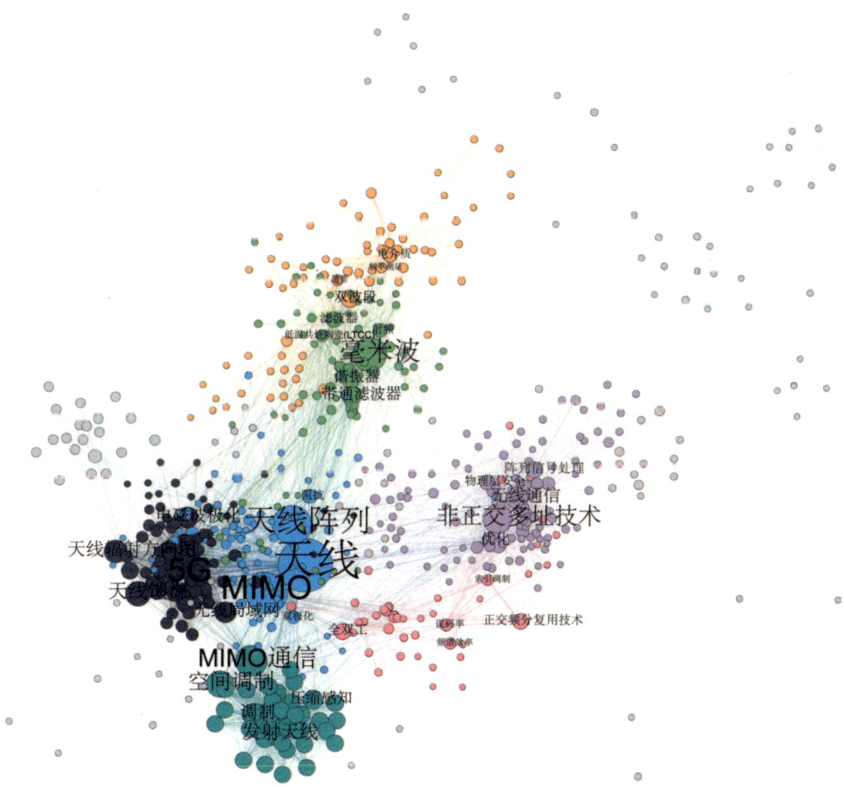

图4-31　“十三五”时期5G领域华南理工大学SCI论文的关键词共现图谱

索引调制；（3）前端组件类：滤波器、谐振器、带通滤波器等；（4）核心网：物理层安全。

表4-18 “十三五”时期5G领域华南理工大学SCI论文关键词共现图谱中的代表性模块

	Group 1	度	Group 2	度	Group 3	度
1	NOMA	102	millimeter wave	123	antennas	207
2	wireless communication	70	bandpass filter	62	MIMO	152
3	optimization	57	resonators	60	antenna arrays	144
4	array signal processing	48	filter	46	impedance	38
5	physical layer security	43	radio frequency	37	dual polarization	34
6	—	—	LTCC	30	—	—

	Group 4	度	Group 5	度	Group 6	度
1	MIMO communication	110	full duplex	48	5G	152
2	spatial modulation	91	OFDM	44	antenna feeds	84
3	transmitting antennas	78	bit error rate	30	antenna radiation patterns	76
4	modulation	70	spectral efficiency	27	electromagnetic wave polarisation	68
5	compressed sensing	60	index modulation	25	wireless LAN	68

3）中山大学

中山大学在天线类和第三代半导体材料方向的SCI论文发文量占其发文总量的比例都在20%以上，其中，中山大学在第三代半导体材料的发文量排名第一，研究水平较突出。从图4-32与表4-19中可以看出，中山大学在5G领域的研究主要围绕以下4个方向展开，（1）天线类：MIMO、天线、阵列信号处理、空间调制；（2）基带类：非正交多址技术（NOMA）、LDPC编码、译码、奇偶校验码、空分复用、波形调制、分组马尔可夫叠加传输；（3）核心网：资源管理、能量收集、边缘计算、密集网络；（4）第三代半导体材料：氧化镓（Ga_2O_3）、氮化镓（GaN）、金属有机化学气相沉积（MOCVD）。

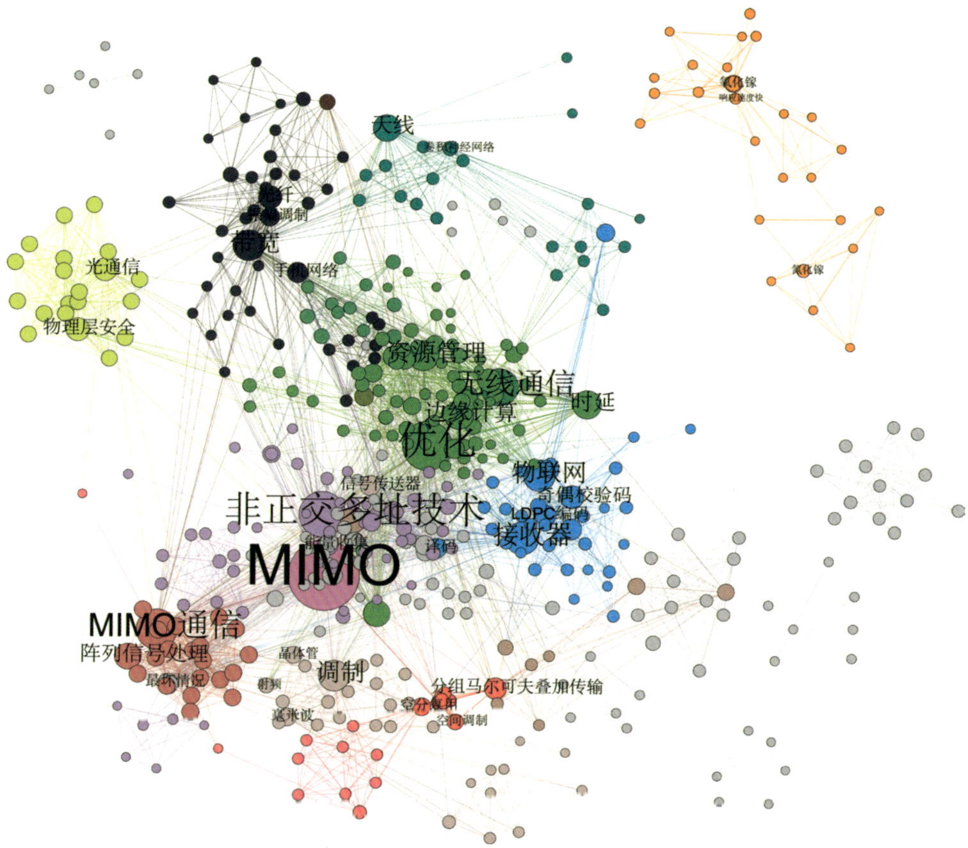

图4-32 “十三五”时期5G领域中山大学SCI论文的关键词共现图谱

表4-19 “十三五”时期5G领域中山大学SCI论文关键词共现图谱中的代表性模块

	Group 1	度	Group 2	度	Group 3	度
1	MIMO	130	optimization	86	receivers	53
2	NOMA	80	wireless communication	62	IoT	49
3	energy harvesting	27	resource management	49	parity check codes	34
4	—	—	edge computing	45	LDPC codes	28
5	—	—	delays	44	decoding	27

（续表）

	Group 4	度	Group 5	度	Group 6	度
1	MOCVD	22	block Markov superposition transmission	30	bandwidth	50
2	Ga_2O_3	18	space division multiplexing	23	optical fibers	33
3	GaN	14	spatial modulation	19	cellular networks	28
4	fast response speed	9	—	—	amplitude modulation	25

	Group 7	度	Group 8	度	Group 9	度
1	antennas	41	modulation	49	MIMO communication	68
2	convolutional neural network	16	transmitters	27	array signal processing	40
3	—	—	millimeter wave	23	worst-case	24
4	—	—	transistors	21	—	—
5	—	—	radio frequency	17	—	—

4）华为

华为在核心网的SCI论文产出排名第一，占其总产出的26.67%。从图4-33与表4-20中可以发现，华为重点围绕以下4个方面开展5G领域研究，（1）基

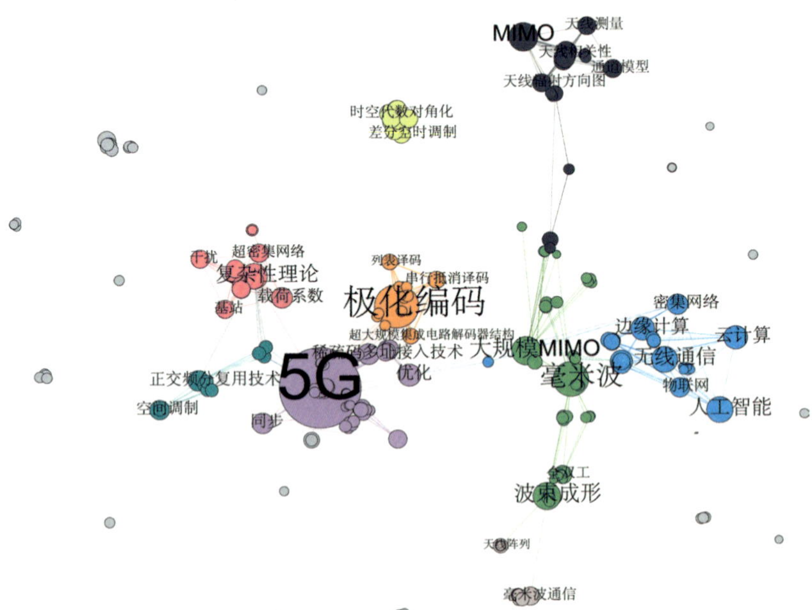

图4-33 “十三五”时期5G领域华为SCI论文的关键词共现图谱

带类：极化（Polar）编码、正交频分复用技术（OFDM）、稀疏码多址接入（Sparse Code Multiple Access，SCMA）技术；（2）天线类：MIMO、天线阵列、波束成形、空间调制；（3）产业应用类：人工智能、云计算、神经网络、物联网（IoT）、基站；（4）核心网：边缘计算、超密集网络、通道模型。

表4-20 “十三五”时期5G领域华为SCI论文关键词共现图谱中的代表性模块

	Group 1	度	Group 2	度	Group 3	度
1	5G	59	millimeter wave	23	artificial intelligence	16
2	optimization	13	massive MIMO	18	wireless communication	16
3	SCMA	12	beamforming	17	cloud computing	14
4	synchronization	12	full duplex	10	edge computing	14
5	special issues and sections	10	—	—	neural networks	12
6	—	—	—	—	IoT	11

	Group 4	度	Group 5	度	Group 6	度
1	polar codes	30	complexity theory	16	MIMO	18
2	successive cancellation decoding	9	load factor	12	antenna correlation	10
3	list decoding	8	base stations	10	antenna measurements	10
4	VLSI decoder architectures	8	interference	10	antenna radiation patterns	10
5	—	—	ultra-dense network	10	channel models	10

	Group 7	度	Group 8	度	Group 9	度
1	OFDM	12	millimeter wave communication	10	diagonal algebraic space-time	10
2	spatial modulation	11	antenna arrays	7	differential space-time modulation	10

4.2.2 应用研究竞争力分析

4.2.2.1 主要产出机构

1）5G技术领域重要专利权人分析

高产机构分析能够更加详细地了解技术的主要研究者和拥有者，技术实力强大的机构通过申请专利占领市场，取得竞争优势。表4-21展示了广东省5G技术专利申请量排名前10的重要专利权人，这10个高产机构在5G技术领域拥有较强的技术竞争力，集中分布在珠三角地区的深圳、广州、东莞、惠州等地。其中，公司类机构8个，高校2个。

华为的专利申请数量最多，为8036件，占这10个机构申请专利数量总和的57.90%。华为作为我国乃至全球ICT行业的领导者，以研发为核心战略，专注于以创新创造价值，凭借高素质的研发团队与高强度的研发投入，在专利布局、市场规模方面取得了优势地位，处在广东省内乃至全球5G专利的第一梯队。处于第二梯队的专利权人有OPPO广东移动通信有限公司（OPPO）与中兴通讯股份有限公司（中兴），专利申请量分别为1992件与1553件。紧随其后的vivo移动通信有限公司（vivo移动）、华南理工大学、腾讯科技（深圳）有限公司（腾讯）处于第三梯队，申请量在340～810件之间。此外，京信通信系统（中国）有限公司（京信）、瑞声声学科技（深圳）有限公司（瑞声）、惠州TCL移动通信有限公司（TCL移动）、中山大学均位于5G专利申请数量排名前10位。

从申请主体可以看出，企业将5G关键技术作为热点研发方向，重要的专利均掌握在实力雄厚的大型集团手中，其通过广泛开设国外研发中心以及进行持续的研发投入、技术攻关，在5G技术产业开展战略布局。

表4-21 5G技术领域重要专利权人分析

机构	地区	专利申请量/件
华为	深圳	8036
OPPO	东莞	1992

（续表）

机构	地区	专利申请量/件
中兴	深圳	1553
vivo移动	东莞	802
华南理工大学	广州	418
腾讯	深圳	341
京信	广州	271
瑞声	深圳	173
TCL移动	惠州	159
中山大学	广圳	135

2）子领域重要专利权人分析（图4-34）

（1）第三代半导体材料。

广东省第三代半导体材料的专利申请总量较其他子领域的专利申请总量少，且专利申请主体以高校或科研机构为主。其中，华南理工大学专利申请量最多，为131件；紧随其后的为中山大学、华南师范大学、广东工业大学、深圳第三代半导体研究院，申请数量介于24～57件之间。

总体而言，广东省第三代半导体材料领域的技术主要掌握在高校或科研机构手中，说明广东省第三代半导体材料研究领域的产业化程度有待提高，市场仍需要进一步拓展。

（2）前端组件类。

在5G前端组件领域，华为和OPPO的技术实力遥遥领先，专利申请量分别为661件和530件；中兴与vivo移动具有较强的技术实力，专利申请量分别为173件与171件；京信、华南理工大学、腾讯、南方电网、TCL移动、通宇通讯也具有一定的竞争力。

（3）天线类。

天线类领域包括MIMO、毫米波通信天线、滤波天线、高密度天线、相控阵通信天线等。MIMO是5G通信的核心传输技术，其增加了天线数量以提

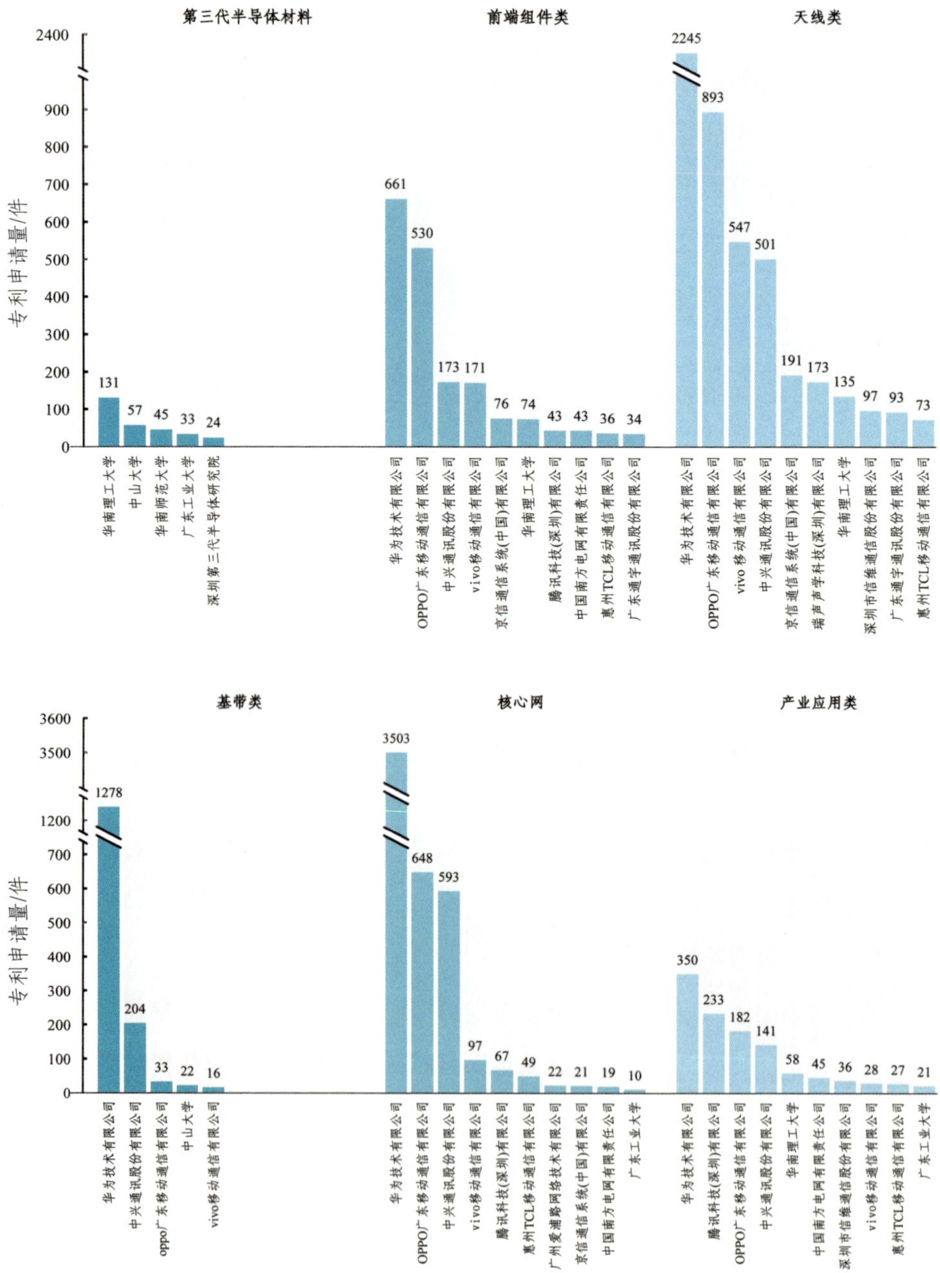

图4-34 子领域重要专利权人分析

供更窄的波束。广东省内企业、高校和科研院所围绕MIMO等天线技术布局了较多的专利。华为和OPPO的专利申请量分别为2245件和893件，技术实力强劲，是广东省内5G关键无线技术的主要推动者；vivo移动（547件）、中兴（501件）位列第三和第四，但与排名前两位的机构的专利申请数量差距非常大；京信、瑞声、华南理工大学处于第5～7位，申请量在135～191件之间；信维通信、通宇通讯和TCL移动在5G天线技术领域的技术实力也不容小觑。

（4）基带类。

华为公司是Polar码的主要推动者，中兴牵头NOMA标准核心项目的研究工作。因此，华为和中兴的基带类关键技术领域的专利申请数量在广东省内处于绝对领先地位。同时，广东省内的OPPO、中山大学和vivo移动也有相当数量的专利产出，并进行了专利布局。

（5）核心网。

作为全球5G发展中最强大的巨头之一，华为在核心网络技术领域的专利申请量位列第一，技术实力遥遥领先，其专利申请量达到了3503件。其中，网络切片和5G RAN是其最为关注的研发方向；其次是具备较强创新能力的OPPO和中兴，专利申请量分别为648件和593件；广东省内核心网专利申请数量较多的机构还有vivo移动（97件）、腾讯（67件）、TCL移动（49件）、爱浦路网络（22件）、京信（21件）、南方电网（19件）和广东工业大学（10件）。

（6）产业应用类。

广东省内布局5G技术应用领域专利的领先机构中，华为以350件位居首位，腾讯以233件位居次席，OPPO（182件）和中兴（141件）分列第三、第四。产业应用类的代表机构还有华南理工大学（58件）、南方电网（45件）、信维通信（36件）、vivo移动（28件）、TCL移动（27件）、广东工业大学（21件）。

4.2.2.2 机构影响力分析

1）机构总体影响力分析

选取的指标涉及专利族规模、国际化影响力与市场竞争力三个维度（表4-22），其中国际化影响力包括国外专利占比、平均被引证次数，市场竞争力包括竞争影响力值（Competitive Impact，CI）和专利资产指数（Patent Asset Index，PAI）。

（1）专利族规模。

不同机构的专利族（图4-35）表征不同，民营企业较国有企业和高校拥有更高的平均专利族规模。广东省10家专利高产机构专利族表现可分为4类：第一类，华为，专利非常多，平均专利族规模在2.15左右；第二类，OPPO和中兴，专利不是特别多，但专利族水平高，平均专利族规模介于1.75～1.77之间；第三类，vivo移动、腾讯、瑞声和TCL移动，专利不多，平均专利族规模在1.2～1.5之间；第四类，华南理工大学、京信和中山大学，平均专利族规模在1.1上下波动。

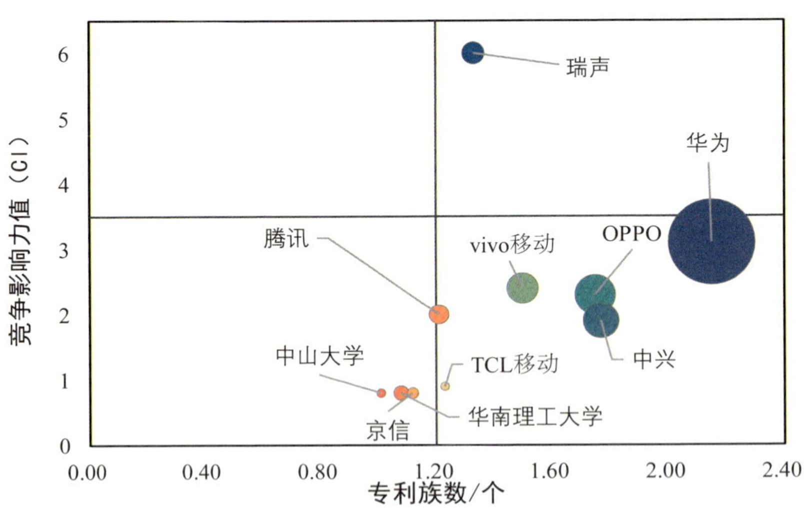

图4-35 广东省5G领域重点机构专利族与市场影响力

（注：气泡大小为PAI）

（2）国际化影响力。

专利国际布局差异大。首先，华为、OPPO和中兴三家企业布局的国外专利数、国外专利占比、国别数均较高，其国别数为10～13个，国外专利占比则达到52%以上，这些机构强调在全球各地布局研发中心以及核心技术来争夺国际竞争优势；其次，vivo移动和腾讯布局国外专利的数量均达到了100件以上，国外专利占比均高于29%，国别数均为5；最后，华南理工大学、京信和中山大学等机构在国外布局的举措方面尚待改善。此外，专利引用次数方面，华为和中兴两者的被引证次数均逾千次，虽然专利基数较多会导致平均被引证次数降低，但得益于其专利族规模优势，华为和中兴的平均家族被引证次数仍然位列前两位（1.74和1.70）。

（3）市场竞争力。

以2021年5月的数据计算上述机构的PAI及CI值，华为排名第一（PAI为8901，CI为3.1），OPPO排名第二（PAI为1969，CI为2.3），中兴排名第三（PAI为1535，CI为1.9），vivo移动排名第四（PAI为1163，CI为2.4）。由这些数据可见，以上4家机构的整体专利组合实力较强。

2）机构子领域影响力分析

在第三代半导体材料领域（表4-23），申请专利的主体多为高校和科

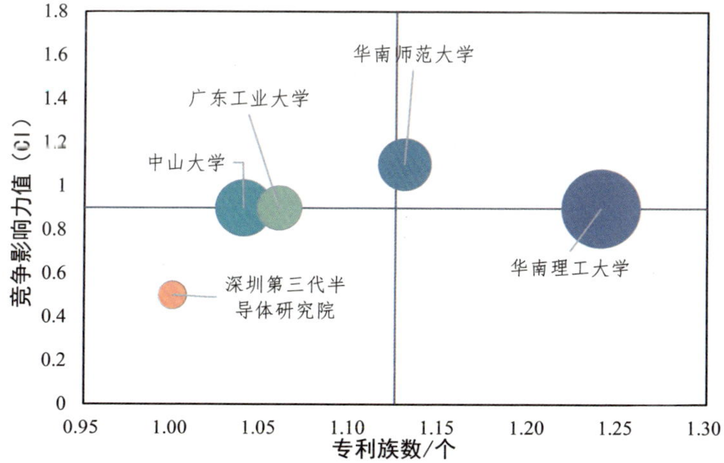

图4-36 第三代半导体材料重点机构专利族与市场影响力（注：气泡大小为PAI）

研机构，其在专利族规模、国际化影响力、市场竞争力等方面的影响力均较差：①平均专利族规模约为1.1；②CI在1上下波动，没有一家企业的PAI破百，最高的为华南理工大学的91；③国外专利少，布局的国别数一般为1～2个，比例低于15%。

在前端组件领域（表4-24），华为、OPPO和中兴在平均专利族规模方面一马当先，达到了1.52以上；腾讯、OPPO和华为的CI分别为3.0、2.8和2.5；华为和OPPO的PAI达到700以上。华为、OPPO和中兴的国外专利占比达到40%以上，布局的国别数达到7个；OPPO和华为的平均家族被引证次数最高，分别为6.48和3.85，通宇通讯和TCL移动的也达到了2.23和2.04。

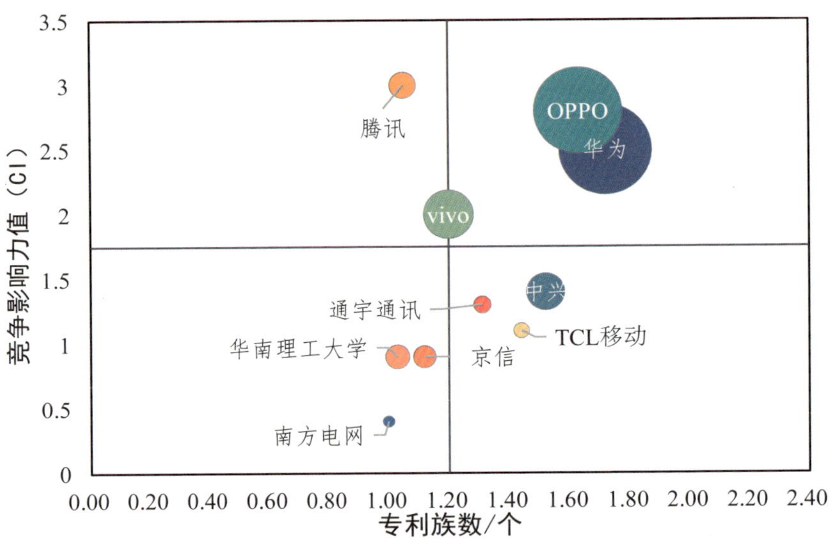

图4-37　前端组件重点机构专利族与市场影响力（注：气泡大小为PAI）

在天线领域（表4-25），华为、OPPO、vivo移动和中兴位于第一方阵，其中，华为在平均专利族规模（2.00）、国外专利占比（70.11%）、布局国别数（6）、平均家族被引证次数（1.45）、CI（2.6）、PAI（2337）方面呈现出较大的领先优势。

在基带领域（表4-26），华为的平均专利族规模为2.20，其次为中兴的

1.79；华为的CI达到了3.5，其次为vivo移动、中兴的2.8和1.8；华为的PAI达到了1474，远高于排名第二的中兴（165），而其他机构的PAI均未破百。华为、中兴和OPPO的国外专利占比均超过55%；华为的平均家族被引证次数为3.38，远高于排名第二的中兴（1.34）。

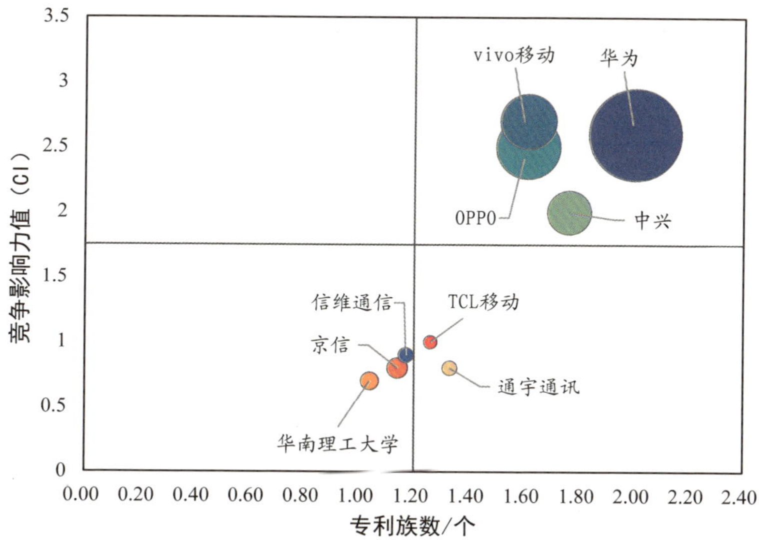

图4-38 天线重点机构专利族与市场影响力（注：气泡大小为PAI）

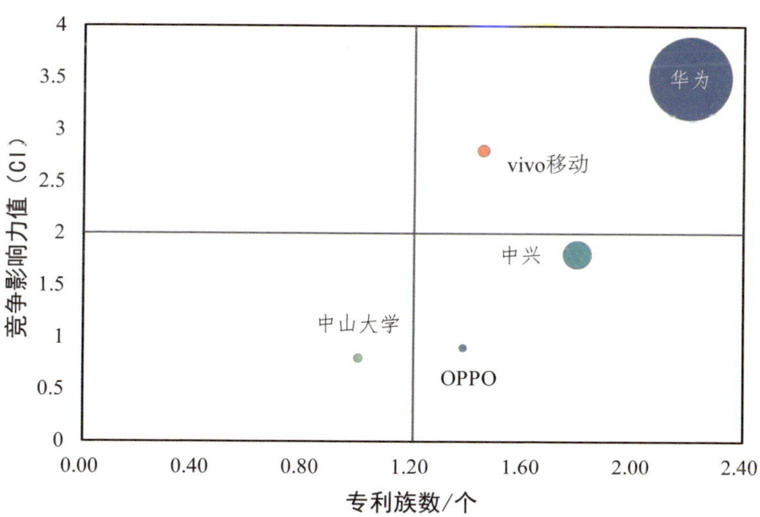

图4-39 基带重点机构专利族与市场影响力（注：气泡大小为PAI）

在核心网领域（表4-27），华为、OPPO和中兴的平均专利族规模达到1.9以上；华为的CI达到3.5，CI排名第二的OPPO为2.8；华为的PAI为3924，大幅高于次席的OPPO（497）。OPPO、华为、中兴和vivo移动的国外专利占比逾40%，且OPPO、华为和中兴专利布局的国别数超过10个。

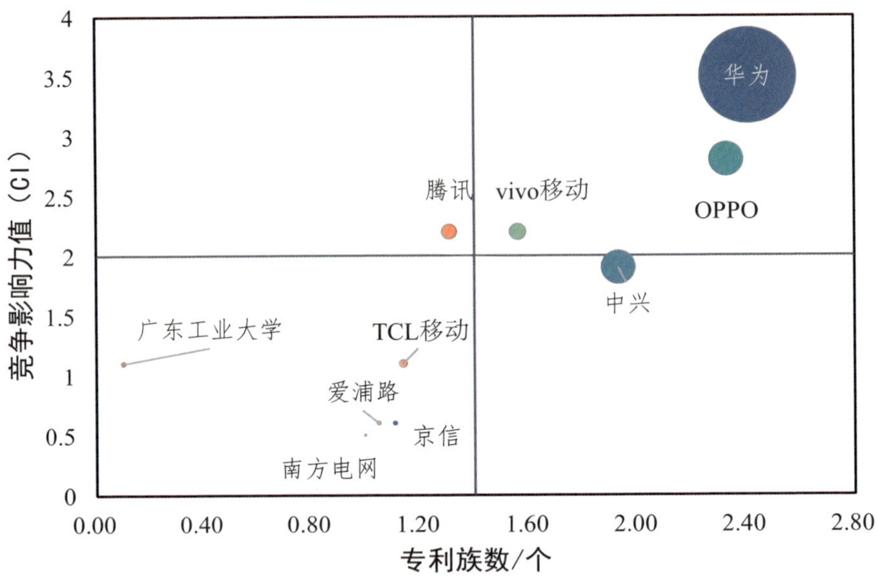

图4-40　核心网重点机构专利族与市场影响力（注：气泡大小为PAI）

在产业应用领域（表4-28），华为、OPPO和中兴的平均专利规模达到1.4以上，华为、腾讯、OPPO和中兴专利布局的国别数均超过5个。信维、华南理工大学、广东工业大学和南方电网的相关指标均较低。

总体而言，华为、中兴、OPPO等广东省企业在5G行业内占据绝对优势。华为和中兴位居2020年中国光电通信最具综合竞争力企业10强、中国光电通信市场最具品牌竞争力企业10强榜单前三。同时，华为、中兴和OPPO在5G通信标准专利领域占据重要席位，上述通信设备供应商们与在2G、3G和4G时代就处于领先地位的诺基亚、爱立信等公司一同在促进5G标准的发展上发挥主导作用，其中华为和中兴更是目前全球仅有的两家具备端到端

5G商用能力和解决方案的公司。此外，华为、中兴、OPPO等公司显示出持续、强劲的研发动能与突出的创新水平，并在全球多个国家和地区持续布局5G通信专利，以保持在国内、国际市场的竞争优势。

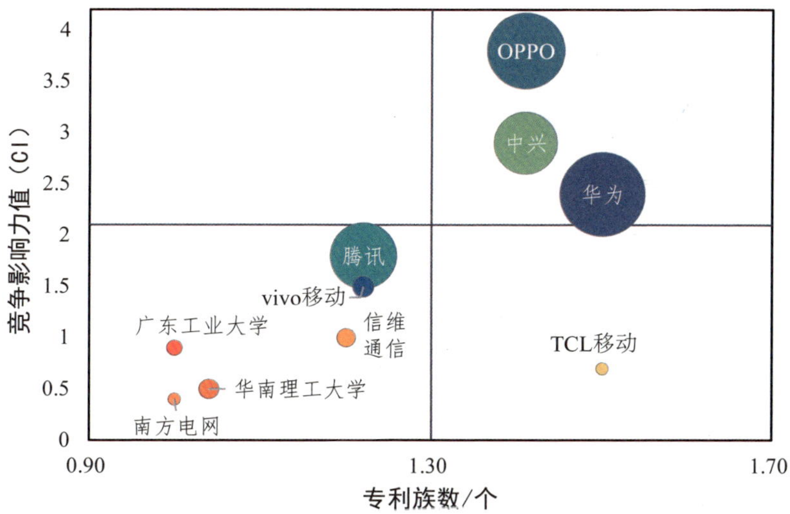

图4-41 产业应用领域重点机构专利族与市场影响力（注：气泡大小为PAI）

表4-22 广东省5G关键技术机构影响力指标统计

序号	机构	专利数/件	专利族规模		国际化影响力							市场竞争力	
			专利族数/个	平均专利族规模	国外专利数/件	国外专利占比	国别数/个	被引证次数/次	平均被引证次数/次	家族被引证次数/次	平均家族被引证次数/次	CI	PAI
1	华为	8036	3734	2.15	5538	68.91%	12	2575	0.32	6479	1.74	3.1	8901
2	OPPO	1992	1141	1.75	1044	52.41%	13	456	0.23	1063	0.93	2.3	1969
3	中兴	1553	878	1.77	856	55.12%	10	1179	0.76	1494	1.70	1.9	1535
4	vivo移动	802	534	1.50	288	35.91%	5	301	0.38	500	0.94	2.4	1163
5	华南理工大学	418	386	1.08	33	7.89%	3	388	0.93	463	1.20	0.8	274
6	腾讯	341	282	1.21	101	29.62%	5	150	0.44	207	0.73	2.0	462
7	京信	271	243	1.12	31	11.44%	2	125	0.46	158	0.65	0.8	155
8	瑞声	173	130	1.33	173	100.00%	1	20	0.12	299	2.30	6.0	615
9	TCL移动	159	129	1.23	53	33.33%	3	71	0.45	101	0.78	0.9	93
10	中山大学	136	134	1.01	5	3.68%	2	82	0.60	157	1.17	0.8	102

表4-23 5G关键技术子领域（第三代半导体材料）机构影响力指标统计

序号	机构	专利数/件	专利族规模		国际化影响力							市场竞争力	
			专利族数/个	平均专利族规模	国外专利数/件	国外专利占比	国别数/个	被引证次数	平均被引证次数/次	家族被引证次数/次	平均家族被引证次数/次	CI	PAI
1	华南理工大学	131	106	1.24	19	14.50%	1	115	0.88	121	1.14	0.9	91
2	中山大学	57	55	1.04	3	5.26%	1	47	0.82	67	1.22	0.9	47
3	华南师范大学	45	40	1.13	6	13.33%	2	12	0.27	27	0.68	1.1	40
4	广东工业大学	33	31	1.06	3	9.09%	1	29	0.88	42	1.35	0.9	29
5	深圳第三代半导体研究院	24	24	1.00	0	0.00%	1	3	0.13	3	0.13	0.5	12

表4-24 5G关键技术子领域（前端组件）机构影响力指标统计

序号	机构	专利数/件	专利族规模		国际化影响力							市场竞争力	
			专利族数/个	平均专利族规模	国外专利数/件	国外专利占比	国别数/个	被引证次数/次	平均被引证次数/次	家族被引证次数/次	平均家族被引证次数/次	CI	PAI
1	华为	661	384	1.72	462	69.89%	7	128	0.19	1478	3.85	2.5	821
2	OPPO	530	325	1.63	212	40.00%	7	237	0.45	2107	6.48	2.8	746

（续表）

序号	机构	专利数/件	专利族规模		国际化影响力							市场竞争力	
			专利族数/个	平均专利族规模	国外专利数/件	国外专利占比	国别数/个	被引证次数/次	平均被引证次数/次	家族被引证次数/次	平均家族被引证次数/次	CI	PAI
3	中兴	173	114	1.52	81	46.82%	7	51	0.29	131	1.15	1.4	140
4	vivo移动	171	143	1.20	31	18.13%	3	69	0.40	168	1.17	2.0	236
5	京信	76	68	1.12	8	10.53%	1	29	0.38	50	0.74	0.9	50
6	华南理工大学	74	72	1.03	2	2.70%	1	33	0.45	57	0.79	0.9	58
7	腾讯	43	41	1.05	32	74.42%	3	7	0.16	12	0.29	3.0	70
8	南方电网	43	43	1.00	0	0.00%	1	8	0.19	8	0.19	0.4	14
9	TCL移动	36	25	1.44	12	33.33%	3	17	0.47	51	2.04	1.1	24
10	通宇通讯	34	26	1.31	12	35.29%	3	9	0.26	58	2.23	1.3	30

表 4-25　5G关键技术子领域（天线）机构影响力指标统计

序号	机构	专利数/件	专利族规模		国际化影响力							市场竞争力	
			专利族数/个	平均专利族规模	国外专利数/件	国外专利占比	国别数/个	被引证次数/次	平均被引证次数/次	家族被引证次数/次	平均家族被引证次数/次	CI	PAI
1	华为	2245	1125	2.00	1574	70.11%	6	698	0.31	1636	1.45	2.6	2337
2	OPPO	893	556	1.61	378	42.33%	8	361	0.40	789	1.42	2.5	1088
3	vivo移动	547	339	1.61	213	38.94%	5	230	0.42	380	1.12	2.7	834
4	中兴	501	284	1.76	281	56.09%	6	388	0.77	1130	3.98	2.0	522
5	京信	191	168	1.14	26	13.61%	2	96	0.50	126	0.75	0.8	113
6	瑞声	173	130	1.33	173	100.00%	1	20	0.12	299	2.30	6.0	615
7	华南理工大学	135	130	1.04	6	4.44%	2	79	0.59	101	0.78	0.7	85
8	信维通信	97	83	1.17	18	18.56%	2	123	1.27	134	1.61	0.9	60
9	通宇通讯	93	70	1.33	29	31.18%	3	71	0.76	101	1.44	0.8	56
10	TCL移动	73	58	1.26	22	30.14%	3	28	0.38	37	0.64	1.0	47

表 4-26　5G关键技术子领域（基带）机构影响力指标统计

序号	机构	专利数/件	专利族规模		国际化影响力							市场竞争力	
			专利族数/个	平均专利族规模	国外专利数/件	国外专利占比	国别数/个	被引证次数/次	平均被引证次数/次	家族被引证次数/次	平均家族被引证次数/次	CI	PAI
1	华为	1278	582	2.20	879	68.78%	11	407	0.32	1968	3.38	3.5	1474
2	中兴	204	114	1.79	115	56.37%	7	136	0.67	153	1.34	1.8	165
3	OPPO	33	24	1.38	20	60.61%	5	4	0.12	18	0.75	0.9	13
4	中山大学	22	22	1.00	0	0.00%	1	3	0.14	25	1.14	0.8	17
5	vivo移动	16	11	1.45	5	31.25%	1	12	0.75	12	1.09	2.8	31

表 4-27　5G关键技术子领域（核心网）机构影响力指标统计

序号	机构	专利数/件	专利族规模		国际化影响力							市场竞争力	
			专利族数/个	平均专利族规模	国外专利数/件	国外专利占比	国别数/个	被引证次数/次	平均被引证次数/次	家族被引证次数/次	平均家族被引证次数/次	CI	PAI
1	华为	3503	1454	2.41	2431	69.40%	11	1307	0.37	2394	1.65	3.5	3924

（续表）

序号	机构	专利数/件	专利族规模		国际化影响力							市场竞争力	
			专利族数/个	平均专利族规模	国外专利数/件	国外专利占比	国别数/个	被引证次数/次	平均被引证次数/次	家族被引证次数/次	平均家族被引证次数/次	CI	PAI
2	OPPO	648	278	2.33	461	71.14%	12	27	0.04	142	0.51	2.8	497
3	中兴	593	307	1.93	341	57.50%	10	456	0.77	558	1.82	1.9	498
4	vivo移动	97	62	1.56	40	41.24%	4	22	0.23	33	0.53	2.2	120
5	腾讯	67	51	1.31	16	23.88%	4	32	0.48	51	1.00	2.2	100
6	TCL移动	49	43	1.14	23	46.94%	2	8	0.16	9	0.21	1.1	29
7	爱浦路	22	21	1.05	1	4.55%	1	1	0.05	1	0.05	0.6	8
8	京信	21	19	1.11	2	9.52%	1	2	0.10	4	0.21	0.6	10
9	南方电网	19	19	1.00	[illegible]	0.00%	1	0	0.00	0	0.00	0.5	3
10	广东工业大学	10	10	0.10	0	0.00%	1	32	3.20	37	3.70	1.1	11

表 4-28　5G关键技术子领域（产业应用）机构影响力指标统计

序号	机构	专利数/件	专利族规模		国际化影响力							市场竞争力	
			专利族数/个	平均专利族规模	国外专利数/件	国外专利占比	国别数/个	被引证次数/次	平均被引证次数/次	家族被引证次数/次	平均家族被引证次数/次	CI	PAI
1	华为	350	233	1.50	188	53.71%	7	77	0.22	176	0.76	2.4	481
2	腾讯	233	191	1.22	52	22.32%	5	114	0.49	151	0.79	1.8	298
3	OPPO	182	129	1.41	100	54.95%	8	149	0.82	242	1.88	3.8	398
4	中兴	141	100	1.41	59	41.84%	6	231	1.64	303	3.03	2.9	267
5	华南理工大学	58	56	1.04	2	3.45%	1	87	1.50	100	1.79	0.5	27
6	南方电网	45	45	1.00	0	0.00%	1	12	0.27	12	0.27	0.4	11
7	信维通信	36	30	1.20	8	22.22%	2	31	0.86	39	1.30	1.0	24
8	vivo移动	28	23	1.22	12	42.86%	4	4	0.14	9	0.39	1.5	31
9	TCL移动	27	18	1.50	11	40.74%	3	29	1.07	31	1.72	0.7	11
10	广东工业大学	21	21	1.00	0	0.00%	1	28	1.33	31	1.48	0.9	17

4.2.2.3 机构研究热点分析

1）重点机构5G专利布局

在六个技术子领域内，华为、中兴、OPPO、vivo移动和华南理工大学拥有较为完整的技术体系和专利布局。从竞争态势上看，华为具有绝对优势，其次为OPPO、中兴和华南理工大学，再次为vivo移动和京信（图4-42）。

除了第三代半导体材料外，华为在前端组件类、天线类、基带类、核心网和产业应用类的五个子领域开展了高质量的专利布局，并且在基带类和核心网两个子领域遥遥领先于其他竞争对手；OPPO在前端组件类、天线类、核心网和产业应用领域具有较强的技术竞争力；华南理工大学的专利申请集中在第三代半导体材料、前端组件类、天线类和基带类，其坚持天线、智

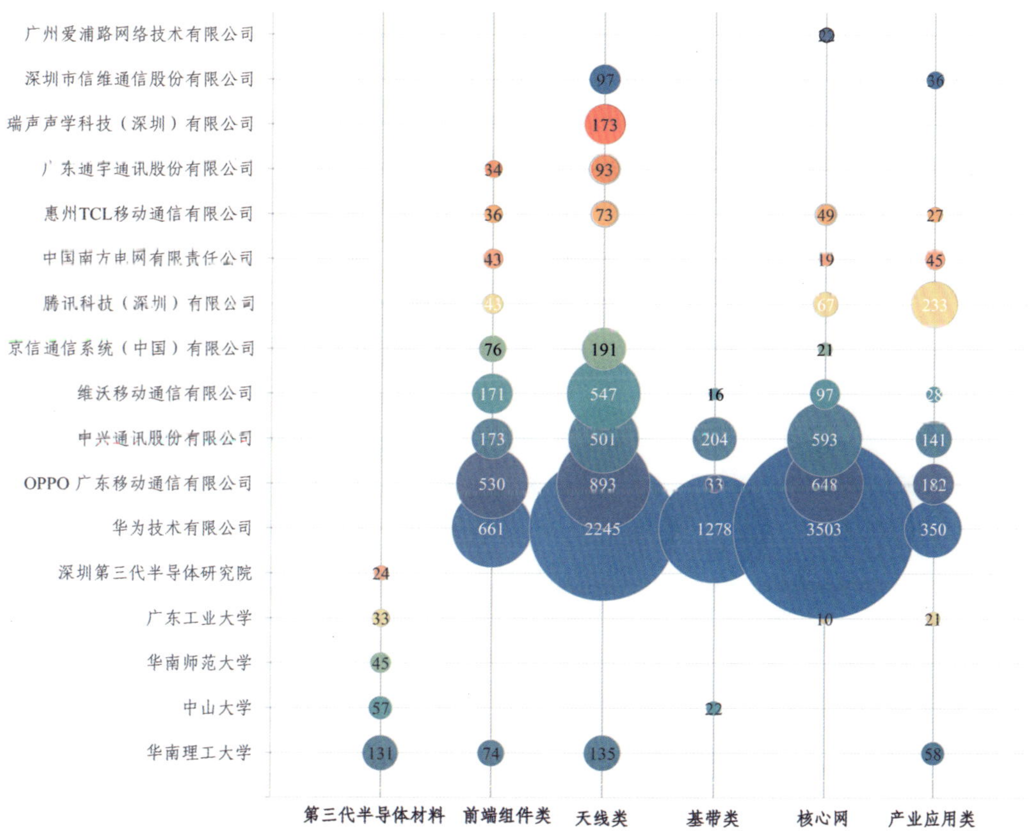

图4-42 5G领域关键技术重点机构研究热点

能天线算法的自主研发，并在Find X（滑动式智能天线设计、分布式天线设计）、R9s（微缝天线）等众多机型中申请了天线设计的壁垒性专利；vivo移动的专利申请集中在前端组件类、天线类、基带类和核心网，且在天线类子领域遥遥领先于其他竞争对手；中兴在核心网、承载、终端、行业应用等方面具有领先的技术、产品和方案优势，其专利申请集中在天线类、基带类、核心网和产业应用类；京信在大规模天线（massive MIMO）、射频器件、小基站等三方面具备技术优势，其在前端组件类、天线类和产业应用类三个子领域均有专利布局。

2）重点机构研究热点分析

（1）华为技术有限公司。

图4-43为华为incoPat专利沙盘的聚类结果，从中可看出，华为的相关研究重点分布在：①5G核心网，包括网络切片（即图中切片/终端）、专用控制网络功能中的会话管理（即图中会话管理/功能实体）、公用控制网络功能中的接入和移动性管理功能等，华为在网络切片技术领域处于行业领军者的地位，其网络切片专利申请涉及切片管理和切片选择等方面；②编译码技术，包括极化码（Polar码）（即图中基本矩阵/极性/编码）与低密度奇偶校验

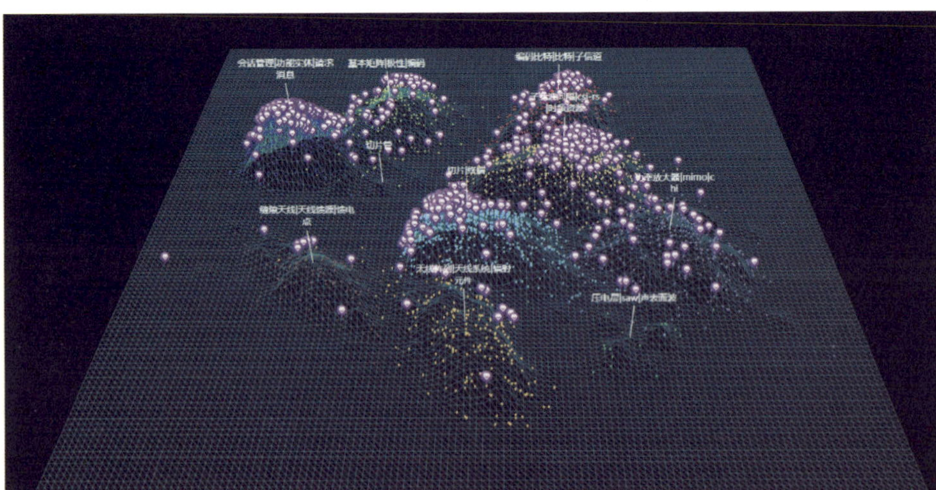

图4-43　华为公司研究热点

码（LDPC码）等，Erdal Arikan教授于2008年发表的Polar码论文开拓了信道编码的新方向，华为进一步开展了大量研究并取得多项原创技术突破，其主推的Polar码在2016年被确定为5G eMBB场景控制信道的编码方案，华为对Polar码中的信息位选取、级联结构、速率适配和信道交织4个技术角度都进行了一定量的专利申请覆盖，其在数量、覆盖度和前瞻性上都具有明显优势，这将使华为在5G eMBB场景控制信道编码中占据领先地位；③天线技术，包括多输入多输出技术MIMO（即图中天线阵列/MIMO/天线系统）、双极天线（即图中天线阵列/天线系统/辐射元件）、缝隙螺旋天线（即图中缝隙天线/天线馈源/馈电点）等，布局的关键技术包括导频分配、信道估计、天线选择、预编码和波束赋形等；④载波聚合技术（即图中子载波间隔/信号状态信息参考信号/时频资源），重点布局的子领域包括载波调度技术、功率控制等；⑤半导体器件，包括表面声波滤波器、开关半导体器件（即图中的压电层/SAW/表面声波）等。

（2）中兴通讯股份有限公司。

图4-44为中兴incoPat专利沙盘的聚类结果，从中可看出，中兴的相关研究重点分布在：①5G核心网，包括网络切片（即图中切片/切片信息/网

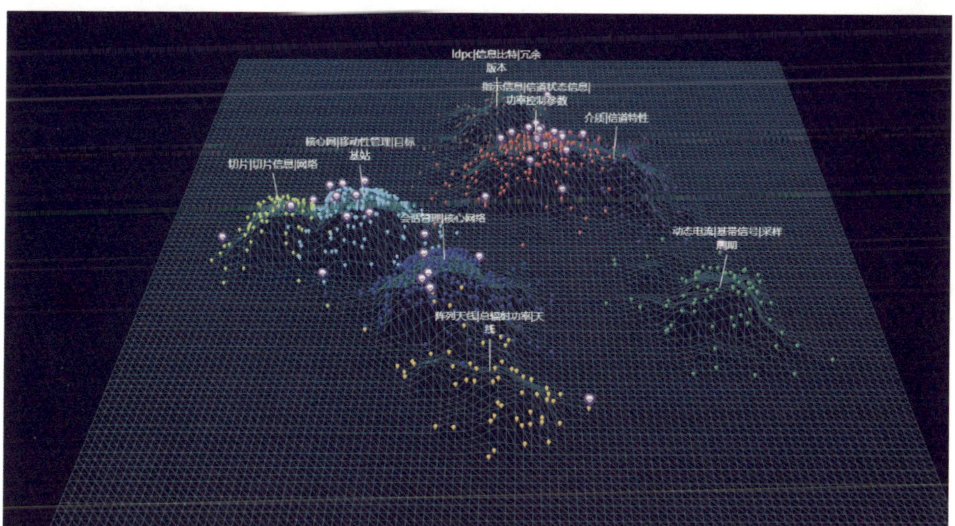

图4-44　中兴公司研究热点

络）、专用控制网络功能中的会话管理（即图中会话管理/核心网络）、公用控制网络功能中的接入和移动性管理功能（即图中核心网/移动性管理/目标基站）等；②编译码技术，包括低密度奇偶校验码LDPC码（即图中LDPC/信息比特/冗余版本）等；③信道状态信息，包括指示信息/信道状态信息/功率控制参数、介质/信道特性；④天线技术（即图中阵列天线/总辐射功率/天线）；⑤前端组件，包括动态电流/基带信号采样周期等方面。

（3）OPPO广东移动通信有限公司。

图4-45为OPPO incoPat专利沙盘的聚类结果，从中可看出，OPPO的相关研究重点分布在：①核心网/计算机存储介质/PDU；②射频系统/多路开关/射频电路；③传输数据；④SRS（Sounding Reference Signal，信道探测参考信号）/时域资源/参考信号；⑤辐射贴片/毫米波信号；⑥天线切换方法/分集天线/天线控制；⑦视频数据/编码数据/服务器；⑧电介质基板/壳体/组件等方面。OPPO在射频系统/多路开关/射频电路、SRS/时域资源/参考信号、核心网/计算机存储介质/PDU等方面都拥有一定数量的高价值专利。

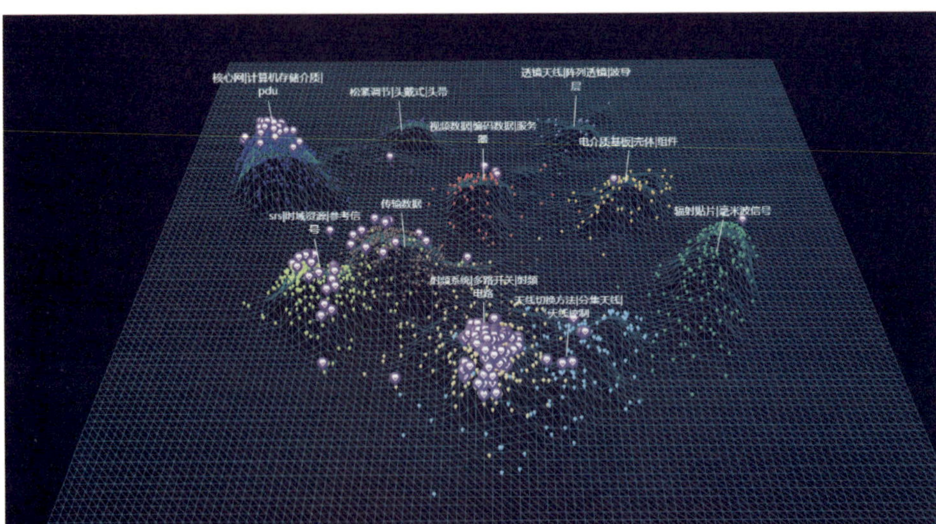

图4-45　OPPO公司研究热点

（4）vivo移动通信有限公司。

图4-46为vivo移动incoPat专利沙盘的聚类结果，从中可看出，vivo移动的相关研究重点分布在：①前端组件，包括射频电路/开关模组/功率放大器等；②天线技术，涉及天线辐射体/天线模组/馈电点、天线控制/天线馈电点/折叠状态、天线单元；③波束/参考信号/波束信息；④核心网/测量配置/目标小区；⑤目标网络/网络/通信设备；⑥SRS/PDCCH（物理下行控制信道）/资源集合等。

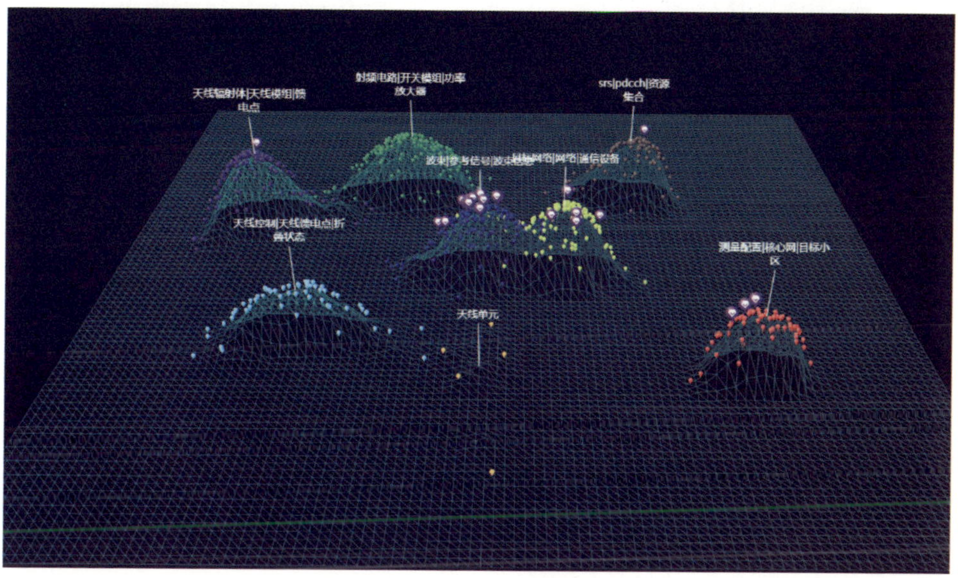

图4-46 vivo移动研究热点

（5）华南理工大学。

图4-47为华南理工大学incoPat专利沙盘的聚类结果，从中可看出，华南理工大学的相关研究重点分布在：①第三代半导体材料，如GaN、AlGaN；②介质基板/辐射贴片/毫米波；③通信系统/能量波束/天线系统；④光催化材料/还原性气氛/可见光响应；⑤共轭聚合物/铃木反应/取代吡啶；⑥传热元件/散热系统/分离选择性；⑦增强现实/手势传感器/虚拟手模型；⑧放大器/直流输入电源/输出电容；⑨荧光粉材料/红色荧光粉/自组装技术等方面。

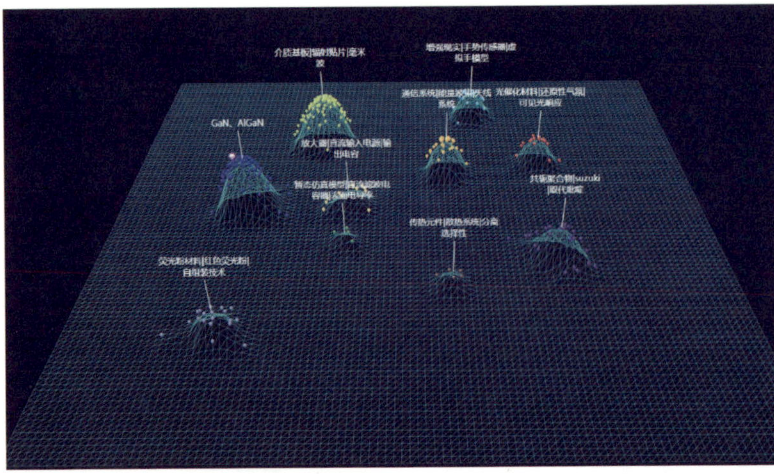

图4-47　华南理工大学研究热点

4.3　协同创新网络分析

中方愿同各国分享包括5G技术在内的最新科研成果，共同培育新的核心竞争力，转变经济增长模式。

——习近平主席在第23届圣彼得堡国际经济论坛全会上的致辞

（2019年6月7日）

4.3.1　基础研究合作网络分析

图4-48展示了广东省在"十三五"时期5G领域SCI论文发表机构的合作网络，从图中可以看出，合作网络主要分为4类，广东省内的机构都在一个类别里。表4-29中的"度"指标表示该节点与其他节点的交互状况，综合分析可以得出，广东省内与其他机构合作最积极的机构是中山大学，其合作较多的机构包括英属哥伦比亚大学、上海交通大学和中国科学院。而其他的SCI论文发文量较多的广东省内机构与其他机构的合作程度都较低，而且大部分都是广东省内机构间的相互合作。从图4-48可以看出，相互紧密合作的省内机构包括深圳大学、华南理工大学、华为、广东工业大学和广州大学，这些广东省内机构与香港大学的合作也较为紧密。

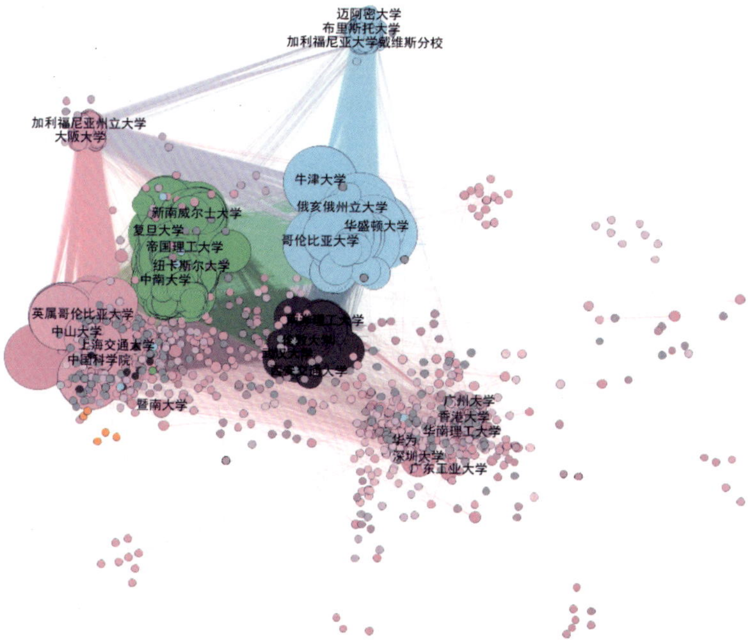

图4-48　“十三五”时期5G领域SCI论文发表机构共现图谱

表4-29　“十三五”时期5G领域SCI论文发表机构共现图谱中的代表性模块

	Group 1			Group 2		
	机构	国别	度	机构	国别	度
1	上海交通大学	中国	1094	华盛顿大学	美国	1261
2	香港大学	中国	1089	哥伦比亚大学	美国	1260
3	中山大学	中国	1083	俄亥俄州立大学	美国	1259
4	英属哥伦比亚大学	英国	1083	牛津大学	英国	1258
5	中国科学院	中国	804	加利福尼亚大学戴维斯分校	美国	259
6	深圳大学	中国	258	迈阿密大学	美国	254
7	大阪大学	日本	252	布里斯托大学	英国	253
8	加利福尼亚州立大学	美国	252	—	—	—
9	华南理工大学	中国	250	—	—	—
10	华为	中国	156	—	—	—
11	广东工业大学	中国	127	—	—	—
12	暨南大学	中国	121	—	—	—
13	广州大学	中国	113	—	—	—

（续表）

	Group 3			Group 4		
	机构	国别	度	机构	国别	度
1	复旦大学	中国	910	南洋理工大学	新加坡	725
2	纽卡斯尔大学	英国	902	武汉大学	中国	707
3	新南威尔士大学	澳大利亚	894	伦敦大学	英国	684
4	中南大学	中国	884	西安交通大学	中国	581
5	帝国理工大学	英国	882	—	—	—

4.3.2 应用研究合作网络分析

按照本研究所界定的5G专利范围进行检索可知，广东省内机构的专利合作数量不多（图4-49），数据清洗后专利合著共220件。

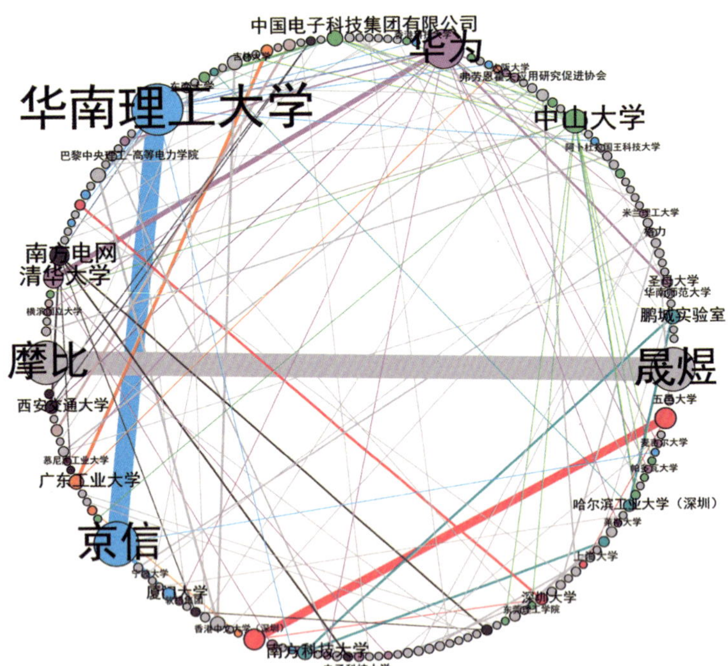

图4-49 机构合作图

（1）合作方式与主体数量。总体而言，广东省内的合作机构共同申请的专利数量占所有5G专利数量的比例较低，合作主体和合作专利数均较少。例如，未见中兴等机构与外部机构共同申请5G相关专利；多方申请的专利基本为两两合作；逾50%的机构仅与1家外部主体进行专利合作，与外界合作的强度较弱。

（2）主要合作主体类型。各主体呈现出与企业–高校–科研院所的产学研合作关系，例如京信与华南理工大学、京信与厦门大学、华为与清华大学和美国圣母大学、南方科技大学与鹏城实验室等。

（3）主要合作主体国别。华为拥有较多的跨国合作专利，其与德国弗劳恩霍夫协会、慕尼黑工业大学、日本Softbank、横滨国立大学、大阪大学、加拿大皇家学习促进学会/麦吉尔大学、美国莱斯大学、意大利米兰理工大学、帕多瓦大学共同申请5G专利；其他机构如华南理工大学、京信、摩比、中山大学、南方科技大学等，主要合作主体基本为国内机构。在5G领域，广东省内各机构具体的专利合作情况如表4–30所示。

表4–30　5G领域广东省各机构专利合作情况

机构	合作专利数/机构数	重要合作对象
华南理工大学	33项/10家	京信（23）、华为（2）、香港科技大学（1）、南方电网（1）、中国电子科技集团有限公司（1）、中新国际联合研究院（1）、广东新创意科技有限公司（1）、广州智冷节能（1）、国网电力（1）、文轩热能（1）
京信	29项/3家	华南理工大学（23）、厦门大学（5）、中国铁塔股份有限公司山西省分公司（1）
摩比	28项/1家	晟煜（28）
华为	25项/15家	清华大学（6）、西安交通大学（1）、日本Softbank（1）、美国圣母大学（3）、德国弗劳恩霍夫协会（2）、横滨国立大学（1）、意大利帕多瓦大学（1）、美国莱斯大学（1）、加拿大皇家学习促进学会/麦吉尔大学（1）、慕尼黑工业大学（1）、意大利米兰理工大学（1）、大阪大学（1）、中芯长电半导体(江阴)有限公司（2）、重庆大学（1）、华南理工大学（2）

（续表）

机构	合作专利数/机构数	重要合作对象
中山大学	13项/12家	清华大学（1）、吉林大学（1）、中国电子科技集团有限公司（1）、佛山市南海区里水镇经济促进局（1）、佛山市巴盛诺新材料科技有限公司（1）、广州赫炎大数据科技有限公司（1）、宇龙计算机通信科技(深圳)有限公司（1）、广州智能装备研究院有限公司（1）、聚源（上海）（1）、华星光电（1）、深圳利赛实业（1）、广州智慧城市发展研究所（2）
南方科技大学	6项/2家	鹏城实验室（3）、苏州晶湛半导体有限公司（3）

4.4 活跃科研团队分析

4.4.1 基础研究活跃团队分析

从广东省在“十三五”时期5G领域SCI论文的作者发文量（表4-31）来看，华南理工大学薛泉位列第一，共发表56篇SCI论文，随后依次是温淼文、李全忠、秦家银、车文荃等。“十三五”时期5G领域广东省SCI论文发文量排名前十的作者大多来自华南理工大学和中山大学。

表4-31 “十三五”时期5G领域SCI论文发文量TOP10作者

排序	作者名称	作者单位	发文量/篇
1	薛泉	华南理工大学	56
2	温淼文	华南理工大学	45
3	李全忠	中山大学	33
4	秦家银	中山大学	33
5	车文荃	华南理工大学	30
6	Tsiftsis, Theodoros A	暨南大学	29
7	张旗	中山大学	29
8	罗景庭	深圳大学	28
9	李朝辉	中山大学	27
10	李俊	广州大学	27

从作者共现图谱来看（图4-50），合作网络较为突出的团队有广州大学范立生团队、华南理工大学温淼文团队、南方科技大学王锐团队、华南理工大学唐杰团队、深圳大学罗景庭团队、中山大学李朝辉团队、华南理工大学薛泉团队和中山大学李全忠团队。表4-32为上述各团队的合作关联度，从中可以看出，SCI论文发文量较多的薛泉团队和李全忠团队主要与自身单位的科研人员合作，鲜少与其他单位合作发文。广州大学范立生教授和华南理工大学温淼文副教授的合作关联度最高，但合作对象多为国内学者。与国外科研人员合作较多的团队有华南理工大学唐杰团队和深圳大学罗景庭团队。其中，罗景庭副教授与英国诺森比亚大学合作紧密，而唐杰教授则与英属哥伦比亚大学、伦敦大学学院和大连理工大学都有较多合作。

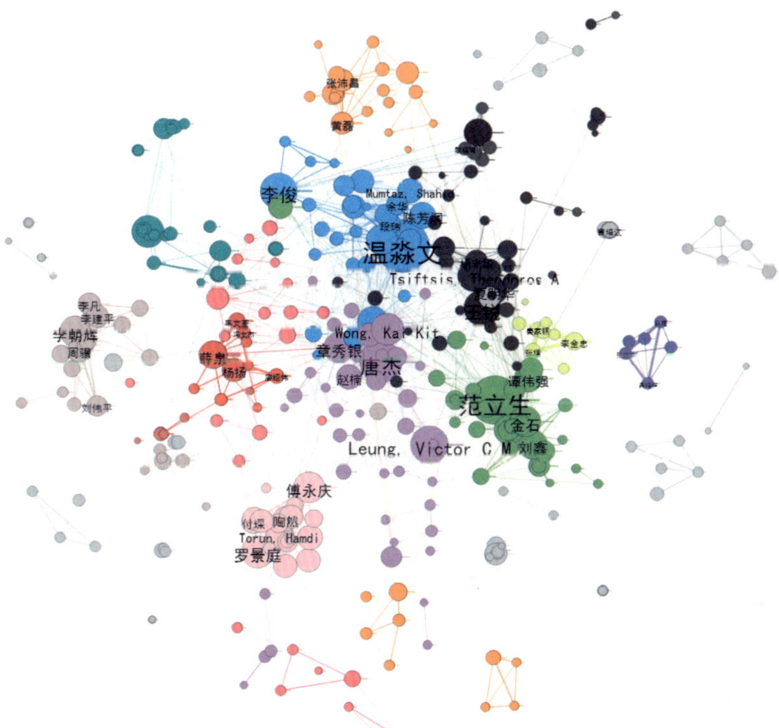

图4-50 “十三五”时期5G领域SCI论文作者共现图谱①

① 为了更清晰地显示SCI论文作者之间的合作关系，只分析发文量大于等于5篇的作者间的网络关系。

表4-32 "十三五"时期5G领域SCI论文作者共现图谱中的代表性模块

	第一组			第二组		
	作者	作者单位	度	作者	作者单位	度
1	范立生	广州大学	33	温淼文	华南理工大学	36
2	金石	东南大学	20	李俊	广州大学	24
3	刘鑫	大连理工大学	19	陈芳炯	华南理工大学	17
4	谭伟强	广州大学	18	Mumtaz, Shahid	华南理工大学	16
5	—	—	—	段玮	南通大学	13
6	—	—	—	余华	华南理工大学	13

	第三组			第四组		
	作者	作者单位	度	作者	作者单位	度
1	王锐	南方科技大学	24	唐杰	华南理工大学	28
2	Tsiftsis, Theodoros A	暨南大学	21	Leung, Victor C M	英属哥伦比亚大学 深圳大学	25
3	夏明华	中山大学	17	Wong, Kai Kit	伦敦大学学院	21
4	杨光华	暨南大学	14	章秀银	华南理工大学	20
5	—	—	—	赵楠	大连理工大学	16

	第五组			第六组		
	作者	作者单位	度	作者	作者单位	度
1	罗景庭	深圳大学	21	李朝辉	中山大学	20
2	傅永庆	英国诺森比亚大学	20	周骥	暨南大学	15
3	Torun, Hamdi	英国诺森比亚大学	17	李建平	暨南大学	14
4	陶然	深圳大学 英国诺森比亚大学	16	李凡	中山大学	14
5	付琛	深圳大学	15	刘伟平	暨南大学	13

	第七组			第八组		
	作者	作者单位	度	作者	作者单位	度
1	薛泉	华南理工大学	18	李全忠	中山大学	11
2	杨扬	悉尼科技大学 华南理工大学	15	秦家银	中山大学	9
3	车文荃	华南理工大学	10	张旗	中山大学	9
4	廖绍伟	华南理工大学	9	—	—	—
5	冯文杰	华南理工大学	8	—	—	—

对广东省在“十三五”时期5G领域SCI论文重点团队的引文指标（表4-33）进行分析发现，华南理工大学陈芳炯团队的发文质量最高，篇均被引频次为23.13，H指数为17，发文质量较好的研究团队还有广州大学范立生团队、华南理工大学章秀银团队和中山大学秦家银团队，他们的篇均被引频次均大于15，H指数也在15以上。而华南理工大学薛泉团队的发文量虽然最高，但篇均被引频次较低，只有7.42。

表4-33 “十三五”时期5G领域SCI论文重点团队的引文指标

序号	机构	研究团队	发文量/篇	总引/次	他引/次	篇均被引频次/次	H指数	ESI高被引论文数量/篇
1	华南理工大学	薛泉、车文荃、廖绍伟、冯文杰	79	586	547	7.42	13	0
2	华南理工大学	陈芳炯、温淼文、Mumtaz, Shahid、余华	53	1226	1156	23.13	17	2
3	广州大学	范立生、谭伟强	47	834	710	17.74	16	1
4	中山大学	秦家银、李全忠、张旗	41	619	572	15.1	15	1
5	华南理工大学	章秀银、唐杰	39	682	657	17.49	16	1
6	深圳大学	罗景庭、付琛、陶然	31	270	242	8.71	11	0
7	中山大学	李朝辉、李凡	28	124	113	4.43	6	0

分析广东省在“十三五”时期5G领域不同技术分支SCI论文作者的发文量（表4-34）发现，华南理工大学薛泉团队的研究方向主要是天线类和前端组件类，华南理工大学陈芳炯、温淼文团队和中山大学秦家银团队都主要在天线类和基带类方向布局，深圳大学罗景庭团队重点部署前端组件类方向。核心网的主要研究团队是电子科技大学中山学院刘贵松团队，而第三代半导体材料的主要研究团队则有中山大学王钢团队和深圳大学朱德亮、柳文军团队。

表4-34 “十三五”时期5G领域不同技术分支的SCI发文量作者排名

	天线类			前端组件类		
	作者	作者单位	发文量/篇	作者	作者单位	发文量/篇
1	薛泉	华南理工大学	27	罗景庭	深圳大学	25
2	黄磊	深圳大学	23	薛泉	华南理工大学	21
3	李全忠	中山大学	22	傅永庆	英国诺森比亚大学	21
4	温淼文	华南理工大学	22	车文荃	华南理工大学	13
5	秦家银	中山大学	19	付琛	深圳大学	12

	基带类			核心网		
	作者	作者单位	发文量/篇	作者	作者单位	发文量/篇
1	温淼文	华南理工大学	21	刘贵松	电子科技大学中山学院	9
2	秦家银	中山大学	20	孙国林	电子科技大学	9
3	张旗	中山大学	17	Boateng, Gordon Owusu	电子科技大学	8
4	李全忠	中山大学	16	Ayepah-Mensah, Daniel	电子科技大学	6
5	Ding, Zhi Guo	英国曼彻斯特大学	15	陈旭	中山大学	5

	产业应用类			第三代半导体材料		
	作者	作者单位	发文量/篇	作者	作者单位	发文量/篇
1	何业军	深圳大学	7	王钢	中山大学	14
2	张彦	挪威奥斯陆大学	7	柳文军	深圳大学	12
3	廖绍伟	华南理工大学	6	曹培江	深圳大学	11
4	冯波涛	深圳大学	5	韩舜	深圳大学	11
5	—	—	—	吕有明	深圳大学	11
6	—	—	—	朱德亮	深圳大学	11

华南理工大学陈芳炯团队的研究方向为非正交多址技术（NOMA）、MIMO、空间调制、正交频分复用技术（OFDM）、索引调制、全双工、信道估计与均衡、无线信号参数估计、阵列信号处理等。

广州大学范立生团队的研究重点围绕大规模MIMO、非正交多址技术、物理层安全、物联网、深度学习、人工智能、大数据无线传输等进行。

华南理工大学章秀银团队主要从事无线携能通信、非正交多址接入、大规模MIMO、天线与射频系统、物理层安全、无人机通信、机器到机器通信等方向的研究。

中山大学秦家银团队的研究主要围绕非正交多址接入、MIMO、无线携能通信、能量收集、物理层安全、优化理论与算法、协作通信和无人机通信优化等方向进行。

华南理工大学薛泉团队的研究方向为微波/毫米波电路与系统、微波/太赫兹天线、毫米波封装天线、星载/卫星通信天线、基于多种新材料的天线技术、带通滤波器和谐振器等。

4.4.2 应用研究活跃团队分析

4.4.2.1 高产研发人才

表4-35、表4-36分别列出了广东省在5G领域关键技术排名前20的发明（设计）人和第一发明人。

在发明（设计）人方面，华为的研究人员实力强劲，占据了前20榜单的大多数席位，包括Li Rong（李榕）、Wang Jun（王俊）、Li Yan（李岩）和Zhang Gongzheng（张公正）等；中兴、OPPO和华工等机构的研究人员也较为突出，例如中兴的Lu Zhaohua（鲁照华）和Chen Yijian（陈艺戬），OPPO的Tang Hai（唐海）和Liu Jianhua（刘建华），华工的Li Guoqiang（李国强）。

在第一发明人方面，OPPO的Tang Hai（唐海）和Xin Yang（辛阳），华工的Li Guoqiang（李国强），OPPO的Liu Jianhua（刘建华），洪心科技

的Hong Zhijia（洪志加），中兴的Gao Bo（高波），vivo移动的Yang Yu（杨宇）等均是关键的研发人员。

表4-35　5G领域关键技术发明（设计）人Top 20

	发明人（设计）人	同族专利数量（件）	所属机构
1	Li Rong（李榕）	192	华为
2	Wang Jun（王俊）	129	华为
3	Lu Zhaohua（鲁照华）	102	中兴
4	Li Yan（李岩）	101	华为
5	Zhang Gongzheng（张公正）	100	华为
6	Tang Hai（唐海）	99	OPPO
7	Liu Jianhua（刘建华）	98	OPPO
8	Li Guoqiang（李国强）	98	华工
9	Wang Jian（王键）	97	华为
10	Xin Yang（辛阳）	93	华为
11	Zhang Hang（张航）	83	华为
12	Jin Yinghao（晋英豪）	79	华为
13	Tan Wei（谭巍）	78	华为
14	Zhang Huazi（张华滋）	77	华为
15	Bi Xiaoyan（毕晓艳）	74	华为
16	Qiao Yunfei（乔云飞）	74	华为
17	Zeng Qinghai（曾清海）	73	华为
18	Li Xu（李旭）	71	华为
19	Yang Ning（杨宁）	68	OPPO
20	Chen Yijian（陈艺戬）	66	中兴

表4-36 5G领域关键技术第一发明人Top 20

	第一发明人	同族专利数量（件）	所属机构
1	Tang Hai（唐海）	92	OPPO
2	Li Guoqiang（李国强）	88	华工
3	Liu Jianhua（刘建华）	81	OPPO
4	Xin Yang（辛阳）	67	华为
5	Hong Zhijia（洪志加）	65	洪心科技
6	Jia Yuhu（贾玉虎）	58	OPPO
7	Yang Ning（杨宁）	42	OPPO
8	Gao Bo（高波）	38	中兴
9	Yang Yu（杨宇）	38	vivo移动
10	Yong Zhengdong（雍征东）	36	OPPO
11	Wang Yuan（王远）	33	华为
12	Chen Wenhong（陈文洪）	32	OPPO
13	Jin Yinghao（晋英豪）	31	华为
14	Dao Ngoc Dung	30	华为
15	Zhu Zhimin（郑志民）	30	vivo移动
16	Sophie Vrzic	29	华为
17	Zhu Fangyuan（朱方园）	28	华为
18	Nimal Gamini Senarath	28	华为
19	Zhang Huazi（张华滋）	27	华为
20	Zhou Lin（周林）	27	OPPO

4.4.2.2 研发人才合作

由“4.2.2 应用研究竞争力分析”一节可知，除了部分产学研的合作之外，广东省内机构相互合作申请的专利数量不多。通过网络分析得到的相关机构的核心研发团队信息如图4-51所示。

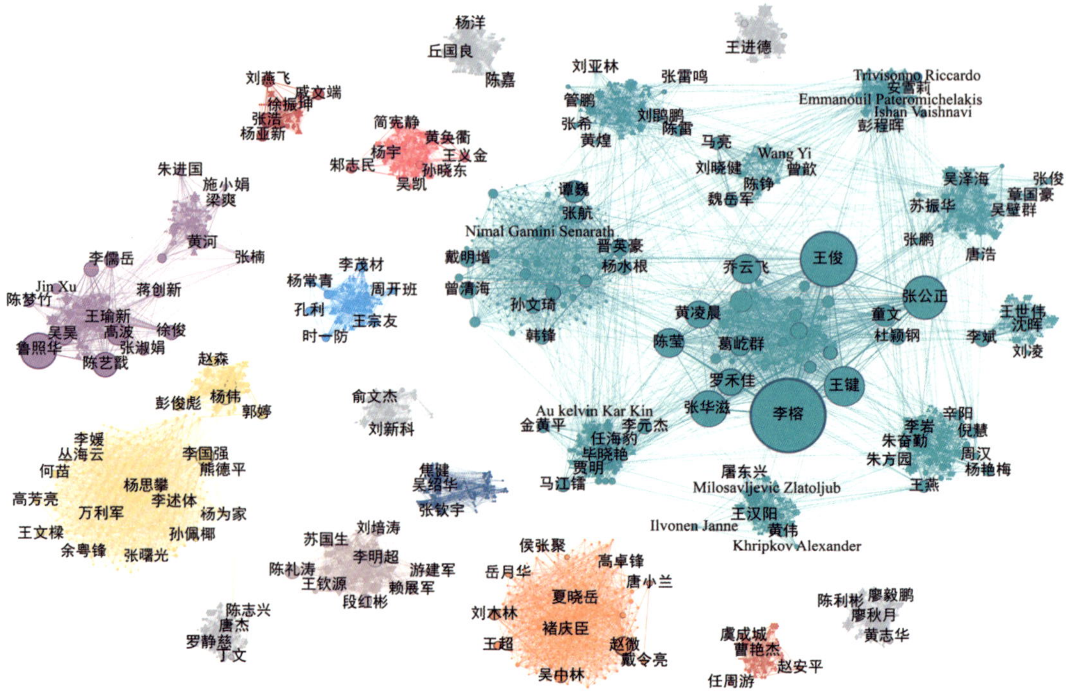

图4-51　5G领域关键技术研发人才合作共现图谱

其中，华为公司分化为若干代表性团队，如团队1——Li Rong（李榕）、Wang Jun（王俊）、Zhang Gongzheng（张公正）、Wang Jian（王键）、Zhang Huazi（张华滋）、Qiao Yunfei（乔云飞）、Tong Wen（童文）、Du Yinggang（杜颖钢）；团队2——Tan Wei（谭巍）、Jin Yinghao（晋英豪）、Zeng Qinghai（曾清海）、Dai Mingzeng（戴明增）、Zhang Hang（张航）；团队3——Trivisonno Riccardo、Peng Chenghui（彭程晖）、Ishan Vaishnavi、An Xueli（安雪莉）、Emmanouil Pateromichelakis；团队4——Huang Wei（黄伟）、Wang Hanyang（王汉阳）、Khripkov Alexander、Ilvonen Janne、Milosavljevic Zlatoljub等。

vivo移动的核心团队成员包括Zhu Zhimin（郴志民）、Wang Yijin（王义金）、Jian Xianjing（简宪静）、Huang Huanqu（黄奂衢）。

信维通信的核心团队成员包括Zhao Wei（赵微）、Hou Zhangju（侯张聚）、Tang Xiaolan（唐小兰）、Dai Lingliang（戴令亮），以及Yu

Chengcheng（虞成城）、Zhao Anping（赵安平）、Cao Yanjie（曹艳杰）、Ren Zhouyou（任周游）。

各机构核心研发团队的具体信息详见表4-37。

表4-37 5G领域关键技术研发人才合作情况统计

序号	机构	核心团队	研究方向	节点颜色
1	华为	Li Rong（李榕）、Wang Jun（王俊）、Zhang Gongzheng（张公正）、Wang Jian（王键）、Zhang Huazi（张华滋）、Qiao Yunfei（乔云飞）、Tong Wen（童文）、Du Yinggang（杜颖钢）	极化编码、数据编码、编码方式、编译码方法、随机化方法、重传数据、信道质量、速率匹配	●
		Tan Wei（谭巍）、Jin Yinghao（晋英豪）、Zeng Qinghai（曾清海）、Dai Mingzeng（戴明增）、Zhang Hang（张航）	网络切片、数据传输、无线通信方法、混合自动重传请求、重复传输	
		Bi Xiaoyan（毕晓艳）、Li Yuanjie（李元杰）、Ma Jianglei（马江镭）、Jin Huangping（金黄平）、Ren Haibao（任海豹）	参考信号、预编码向量/矩阵、信号传输方法、信道状态、天线选择	
		Li Yan（李岩）、Wang Yan（王燕）、Ni Hui（倪慧）、Yang Yanmei（杨艳梅）、Xin Yang（辛阳）	网络切片、核心网、资源配置、移动性管理、会话管理方法、接入网	
		Li Bin（李斌）、Shen Hui（沈晖）、Wang Shiwei（王世伟）、Liu Ling（刘凌）	极化编码、速率匹配、编码方式	
		Wei Yuejun（魏岳军）、Ma Liang（马亮）、Chen Zheng（陈铮）、Zeng Xin（曾歆）、Liu Xiaojian（刘晓健）	LDPC、SCL、MCS、RNTI、基图/基矩阵、汉明重量	

（续表）

序号	机构	核心团队	研究方向	节点颜色
1	华为	Chen Lei（陈雷）、Liu Kunpeng（刘鹍鹏）、Guan Peng（管鹏）、Zhang Xi（张希）	数据传输、cell activation、信号测量	
		Trivisonno Riccardo、Peng Chenghui（彭程晖）、Ishan Vaishnavi、An Xueli（安雪莉）、Emmanouil Pateromichelakis	切片网络、核心网、网络功能服务（NFS）、会话管理、QoS、RAN（无线接入网）、SLA	●
		Huang Wei（黄伟）、Wang Hanyang（王汉阳）、Khripkov Alexander、Ilvonen Janne、Milosavljevic Zlatoljub	天线（缝隙天线、多天线、双极化天线）、馈线	
2	vivo移动	Zhu Zhimin（郑志民）、Wang Yijin（王义金）、Jian Xianjing（简宪静）、Huang Huanqu（黄奂衢）	毫米波天线、天线阵列、缝隙天线、可重构天线、天线单元及电子设备、天线切换方法	●
3	中兴	Lu Zhaohua（鲁照华）、Chen Yijian（陈艺戬）、Gao Bo（高波）、Wu Hao（吴昊）、Li Ruyue（李儒岳）	计算机存储介质、波束训练、天线选择信息、信息传输方法、信道状态信息、编译码技术	●
		Huang He（黄河）、Zhu Jinguo（朱进国）、Liang Shuang（梁爽）、Zhang Nan（张楠）、Shi Xiaojuan（施小娟）	网络切片、移动性管理、路径切换方法、链路管理、RAN	
4	瑞声	Wang Chao（王超）、Chu Qingchen（褚庆臣）、Xia Xiaoyue（夏晓岳）、Yue Yuehua（岳月华）	毫米波、阵列天线	●
5	宇通	Wu Zhonglin（吴中林）、Liu Mulin（刘木林）、Chu Qingchen（褚庆臣）、Gao Zhuofeng（高卓锋）	网络系统、阵列天线、全向天线、定向天线	●

（续表）

序号	机构	核心团队	研究方向	节点颜色
6	信维通信	Zhao Wei（赵微）、Hou Zhangju（侯张聚）、Tang Xiaolan（唐小兰）、Dai Lingliang（戴令亮）	阵列天线、介质谐振器、馈电枝节	●
		Yu Chengcheng（虞成城）、Zhao Anping（赵安平）、Cao Yanjie（曹艳杰）、Ren Zhouyou（任周游）	天线阵子、天线系统、阵列天线、毫米波、双极化、滤波装置	●
7	腾讯	Li Maocai（李茂材）、Wang Zongyou（王宗友）、Kong Li（孔利）、Shi Yifang（时一防）、Yang Changqing（杨常青）	数据管理、消息发送、数据同步	●
8	京信	Li Mingchao（李明超）、Chen Litao（陈礼涛）、Duan Hongbin（段红彬）、Liu Peitao（刘培涛）、Su Guosheng（苏国生）	多频天线、双极化天线、阵列天线、天线系统、相位调节、移相器	●
9	华工	Li Guoqiang（李国强）、Wang Wenliang（王文樑）、Gao Fangliang（高芳亮）、Yang Weijia（杨为家）	第二代半导体材料（GaN、AlGaN、InGaN、AlN）、薄膜体声波谐振器	●
		Guo Ting（郭婷）、Peng Junbiao（彭俊彪）、Yang Wei（杨伟）、Zhao Sen（赵森）	聚合物、光电器件	
10	广工	He Miao（何苗）、Yang Sipan（杨思攀）、Xiong Deping（熊德平）、Cong Haiyun（丛海云）	电子器件	●
11	哈尔滨工业大学（深圳）	Zhang Qinyu（张钦宇）、Wu Shaohua（吴绍华）、Jiao Jian（焦健）	极化码、NOMA、MIMO、编码译码	●

4.5 研究结论

4.5.1 基础研究方面

4.5.1.1 “十三五”时期，5G领域SCI论文数量激增，地域分布高度集中

基础研究概况方面，广东省在“十三五”期间发表的5G领域SCI论文数量呈高速增长趋势，年均增长率达40.50%，是“十二五”时期发表的SCI论文数量的5.7倍。“十三五”时期发表的5G各技术分支的SCI论文都高度集中在深圳市和广州市，占比均超过84%。其中天线类SCI论文发文量最多，产业应用类、基带类和核心网的SCI论文发文量年均增长率和高被引论文占比位列前三。资助来源方面，获国家自然科学基金资助的项目占比高达69.95%，资助来源排名前十的广东省级项目占比30.00%，市级项目集中在深圳市和广州市，占比为20.99%。其中，获广东省重点领域研发计划支持的项目占比为7.21%。可见，SCI论文的资助来源以基础研究类项目为主，应用研究类资助项目产出相对较少。

4.5.1.2 广东省重点布局天线类、基带类和核心网

研究热点方面，广东省在天线类的布局较多，其次是基带类、核心网和前端组件类。各技术分支的重点研究方向如下：（1）天线类：MIMO、天线阵列、大规模MIMO、阵列信号处理、空间调制、信道估计和毫米波；（2）基带类：非正交多址技术（NOMA）、中断概率、Polar码（极化码）、LDPC编码和译码；（3）核心网：无线接入网（RAN）、边缘计算、资源配置、网络切片和超密集网络；（4）前端组件类：谐振器、滤波器、传感器、功率放大器、耦合器和互补金属氧化物半导体；（5）产业应用类：物联网（IoT）、云计算、无人机、轨道交通、深度学习、传感器和虚拟现实；（6）第三代半导体材料：氧化镓、氮化镓、氧化锌镓铟（IGZO）薄膜晶体管、氮化硼、氮化铝、石墨烯等。从引用频次较高的高被引SCI论

文的研究方向来看，2019—2020年主要围绕车载网络、人工神经网络、深度强化学习、无人机通信等产业应用领域开展研究；2017—2018年则主要研究非正交多址技术、移动边缘计算、软件定义网络、索引调制等基带类、核心网方向。

4.5.1.3 广东省SCI论文发文机构主要为高校，且集中在知名高校

机构竞争力方面，SCI论文发文量位列前三的机构依次是深圳大学、华南理工大学和中山大学，只有华为一家企业进入前十榜单；从引文指标来看，发文质量最高的是中山大学，华为的发文量虽然不多，但质量较高。通过分析深圳大学、华南理工大学、中山大学和华为这几家代表机构的研究热点，发现它们都重点围绕天线类、基带类和前端组件类开展研究，主要涉及MIMO、天线阵列、阵列信号处理、非正交多址技术、LDPC编码、滤波器等。其中，深圳大学和华南理工大学重点部署天线类方向，产出占比接近50%，随后依次是前端组件类和基带类；而中山大学和华为则分别在第三代半导体材料和核心网方向有较为突出的成果产出。

4.5.1.4 广东省内机构交流合作有待加强

机构合作网络方面，广东省内机构中的中山大学与其他机构合作得最积极，合作对象涵盖国内外科研机构；而其他SCI论文发文量较多的省内机构大部分采取省内相互合作的方式，而且合作程度较低。

4.5.1.5 广东省重点团队主要布局天线类和基带类

人才队伍方面，SCI论文发文量排名前10的作者大多来自华南理工大学和中山大学。SCI论文发文量较多的薛泉团队和李全忠团队都鲜少与外部单位合作发文，而且合作关联度较高的专家团队也多以与国内学者合作为主，与国外科研机构合作发文相对较少。华南理工大学陈芳炯团队的发文质量最高，与中山大学秦家银团队一样，都主要在天线类和基带类方向进行布局，包括非正交多址技术（NOMA）、MIMO、正交频分复用技术（OFDM）、索引调制、无线携能通信和物理层安全等；华南理工大学薛泉团队的研究主要围绕天线类和前端组件类，涉及微波/毫米波电路与系统、微波/太赫兹天

线、毫米波封装天线、带通滤波器和谐振器等；广州大学范立生团队重点围绕大规模MIMO、非正交多址技术、物理层安全、物联网等方向开展研究；华南理工大学章秀银团队主要从事无线携能通信、非正交多址接入、大规模MIMO、天线与射频系统、物理层安全等方向研究；深圳大学罗景庭团队重点部署前端组件类方向；电子科技大学中山学院刘贵松团队主要研究核心网方向；第三代半导体材料的主要研究团队有中山大学王钢团队和深圳大学朱德亮、柳文军团队。

4.5.2 应用研究方面

4.5.2.1 “十三五”时期，5G专利申请量快速增长

在“十二五”时期，广东省5G应用研究处于萌芽期，专利布局较少。随着政府逐渐瞄准5G的巨大潜力，广东省先后出台了《广东省信息基础设施建设三年行动计划（2018—2020年）》《广东省加快5G产业发展行动计划（2019—2022年）》《关于加快推进5G网络建设的若干政策措施》等5G行动计划、实施意见等政策文件，在5G产业发展联席会议制度、技术创新、网络建设、商用测试、设施共建共享、融合应用等方面持续布局5G发展。得益于相关政策的支持刺激和良好产业基础的支撑，进入“十三五”时期后，广东省的5G发展进入成长期，专利申请量呈现出高速增长的趋势，专利布局活动逐渐活跃。其中，2019年和2020年的专利申请量分别达到了4788件和3634件（由于专利从申请到批准有18个月的滞后期，因此2020年的数据未完全统计），2011—2020年、2015—2020年专利申请量年复合年均增长率（CAGR）分别为37.64%、18.32%。随着政策的完善、产业的发展、创新主体对5G的持续投入，广东省未来5G产业专利申请量将保持持续增长趋势。

4.5.2.2 天线类和核心网专利布局数量最多，部分关键领域“卡脖子”问题较突出

从细分领域看，第三代半导体材料、前端组件类、天线类、基带类、核心网和产业应用类均呈现出逐步增长的态势。其中，天线类和核心网两个细

分领域受到更多创新主体的青睐，发展最为迅速、布局专利数量最多，其专利申请与公开数量均遥遥领先于其他领域。然而，由于产业链前后端发展不均衡，第三代半导体材料和基带类两个细分领域发展较为缓慢，前端组件类等细分领域的专利布局也亟待改善。以氮化镓、碳化硅为代表的第三代半导体材料及相关器件、芯片在电子信息、智能制造等领域具有“核芯”作用，已成为全球高技术领域战略竞争的制高点，也是国际技术封锁的重点，广东省在核心基础元器件、关键材料、先进工艺、高端通用芯片、基础软件产品等环节的“卡脖子”问题比较突出。京津冀地区的第三代半导体材料研发实力全国最强，广东省内从事第三代半导体材料的研究机构主要是科研院所和高校，仍需要进一步加大市场化，需要加大科技投入以争取更多的市场话语权，避免“卡脖子”问题制约产业发展。

4.5.2.3 海外布局意识较高，中、美、欧市场是重点布局区域

广东省内机构在全球主要国家的专利布局中，国内与国外的专利申请率占比基本为1：1。随着海外专利保护意识逐渐增强，需要基于同族专利进行海外市场知识产权布局，不断扩展国际市场。其中，广东省PCT专利申请达到了4112件，占比为22.84%；在美国申请的专利数量达到了1735件，占比为9.64%；在欧洲专利局（EPO）申请的专利数量达到了1269件，占比为7.05%。此外，广东省在印度、日本和韩国也有相当程度的专利布局。相对而言，囿于第三代半导体材料的研发集中在高校和科研院所，其在海外的专利申请量比例明显偏低；天线和核心网作为强势细分领域，是国外专利布局的重点。华为、OPPO和中兴在5G产业中积累雄厚，注重专利族布局，注重通过WIPO和欧洲专利局等方式申请国际专利，其专利族数、专利覆盖国别数、国外专利（件、占比）等质量指标均较优，具有较高的专利价值。

4.5.2.4 产业地域分布相对集中，深莞穗发展迅猛

广东省内不同地级市间的5G发展综合水平差异显著，基本上与科技投入、经济水平、科技资源分布呈正相关关系。得益于华为、中兴、vivo移动等龙头企业及其雄厚的产业基础，珠三角三个核心城市深莞穗引领了广东全

省的5G发展，深圳市除了第三代半导体材料的发展较为落后外，其他细分领域均遥遥领先穗莞；佛山、中山、珠海、惠州等市在基带类与核心网等方面的相关技术发展规模不足，且在第三代半导体材料、前端组件类、天线类领域专利申请布局量也较小。

4.5.2.5 龙头企业发展较快，将继续主导市场发展

华为、中兴、OPPO和vivo移动拥有较为完整的技术体系和专利布局。据调研，上述企业均上榜《2020年全球5G专利统计报告》，在世界范围内具备强劲的竞争力。因此，在机构竞争力方面，重要的专利主要掌握在实力雄厚的大型集团手中。其中，华为在前端组件类、天线类、基带类、核心网和产业应用类5个领域开展了高质量的专利布局，并且在基带类和核心网两个细分领域遥遥领先于其他竞争对手，在网络切片技术领域处于行业领军者地位，其主推的Polar码在2016年被确定为5G eMBB场景控制信道的编码方案，并在此领域取得多项原创技术突破；OPPO在前端组件类、天线类、核心网和产业应用类具有较强的技术竞争力；vivo移动的专利申请集中在前端组件类、天线类、基带类和核心网，且在天线类细分领域遥遥领先于其他竞争对手；中兴在核心网、承载、终端、行业应用等方面具有领先的技术、产品和方案优势，专利集中在天线类、基带类、核心网和产业应用。

4.5.2.6 5G技术协同合作待加强

机构合作网络方面，机构开展合作、共同申请的专利数量占所有5G专利数量的比例极低，仅有少部分企业—高校—科研院所有产学研合作关系，例如京信与华南理工大学、京信与厦门大学、华为与清华大学和美国圣母大学；企业间的合作主要为集团内部的合作，跨企业的合作少，广东省内机构未能实现资源共享、共创5G生态。由于企业间的合作相对较少，故人才合作团队主要集中在某个机构内部。

5

CHAPTER

广东5G创新技术发展趋势与建议

要抓住产业数字化、数字产业化赋予的机遇，加快5G网络、数据中心等新型基础设施建设，抓紧布局数字经济、生命健康、新材料等战略性新兴产业、未来产业，大力推进科技创新，着力壮大新增长点、形成发展新动能。

——习近平总书记2020年3月在浙江省考察时的讲话

当今世界正在经历百年未有之大变局，全球科技创新进入空前的密集活跃期，信息革命在重塑政治经济格局、改变国家力量对比方面的决定性作用愈加凸显。2021年是“十四五”规划开局之年，中国通信产业迎来了前所未有的发展机遇，以5G为代表的一系列现代信息技术正在快速更迭，数字化浪潮席卷而来。国家“十四五”规划提出：“加快5G网络规模化部署，构建基于5G的应用场景和产业生态。”目前，中国5G发展进入融合创新的关键阶段，基础电信、设备制造、垂直行业等多主体协同推进的态势正在加速形成。

广东省作为通信产业大省和5G领域创新高地，在过去、现在、将来都将5G技术创新和产业发展摆在极其重要的战略位置，广东省内5G通信设备制造业已位居世界前列，形成了以华为、中兴、OPPO、vivo移动等企业为代表的手机产业集群。广东省“十四五”规划提出要持续推进产业关键核心技术攻关，增强5G等领域产业的技术优势。巩固提升战略性支柱产业，继续做强做优新一代电子信息产业，加快5G产业集聚发展。培育壮大新兴服务业，以需求为导向，着力丰富应用场景，打造5G生态圈。推进数字产业化发展，做大做强数字经济关键产业，完善以5G为核心的信息通信产业链条，打造世界级5G产业创新高地和融合应用示范区。激发社会投资活力，支持民间资本加大对5G网络等新型基础设施的投资建设力度。加快5G网络建设，全面建设5G SA（独立组网），持续扩大5G专网在政务服务、车联网等重点行业和领域的覆盖面。

从前述文献计量分析的研究结果来看，“十三五”时期广东省5G创新技术发展势头喜人，省内各类创新主体积极投入5G研发活动，5G领域SCI论文发文量和专利申请量都呈现出高速增长的趋势，5G技术的基础研究与应用发展逐步活跃、深入。但同时也可以看到，广东省在5G创新技术发展方面还存在关键核心技术被“卡脖子”、科研创新能力跟不上产业发展水平、高端研发资源不足等问题，亟待利用现有的5G产业优势、市场优势和制度优势完善5G研究布局，加大5G研发投入，集聚5G创新人才队伍，加强5G协同创新和国际交流合作，深化5G垂直应用，加快构建先进、可控的5G基础软硬件生态体系，为在下一个五年实现国家和广东省“十四五”规划奠定坚实的基础。

5.1 发展趋势

5.1.1 5G无线技术演进

华为联合高通、中国移动等15家机构于2021年2月发布的《5G无线技术演进白皮书》指出，5G无线技术发展需要实现灵活、自适应、智能的无线系统，解决流量激增的问题，研究同时支持高传输速率和低延迟的方案。为实现上述目标，该白皮书提出了以下5G技术的潜在发展趋势：

智能有效的系统。（1）人工智能，5G与人工智能技术在空口、网络、服务等方面的深度融合可以让5G连接更加智能化。此外，网络可以灵活组合频谱资源以支持各种终端和服务。人工智能还可实现更高效的运营，并降低成本。（2）体验质量（Quality of Experience，QoE）管理，QoE是评估网络质量的标准之一。（3）节能，在网络资源和维护方面，应部署智能节能平台，通过多网协同、基于无线大数据+人工智能的先进算法更好地节能。（4）增强多种无线接入技术（Radio Access Technology，RAT）双连接，为运营商提供更加灵活、高效的网络控制和无线资源管理。

提升现有性能。（1）发展上行链路中心，通过增强正交解调参考信号（Demodulation Reference Signal，DMRS）、上行链路预编码和先进接收器来减轻使用相同或重叠时频资源时不同用户终端（UE）之间的干扰。（2）大规模MIMO。（3）增强超可靠、低时延通信能力（uRLLC）。（4）增强大规模物联网。（5）提高移动通信性能。

最大化频谱价值。（1）灵活双工，需研究小型基站、中继、自干扰和CLI（Command-Line Interface，命令行界面）的抗干扰处理、灵活/全双工网络中的用户终端性能。（2）高频，2025年，低频和高频网络都将大规模部署，26GHz频段毫米波将日渐成熟。在此基础上，高频技术将向52.6GHz以上演进。（3）灵活的频谱接入，可在大频谱池中为上行链路和下行链路对称或非对称地分配频谱，或根据服务需求和用户终端能力高效、动态地分配多载波资源。（4）动态频谱共享。

新应用场景的助推技术。（1）开发定位感知技术。（2）整合非地面网络（Non-Terrestrial Networks，NTN）和地面网络（Terrestrial Networks，TN）的新空口（NR）技术，卫星通信、高空平台站（High Altitude Platform Station，HAPS）通信、空-地通信、无人机通信等通信方式，并结合地面5G通信，从而打造天空地一体化网络。（3）高度交互的宽带通信。（4）以用户为中心的多设备协调。（5）增强网络切片技术，通过更精确的无线电资源分配实现更精细的切片。

5.1.2 6G技术趋势

由6G技术路线图（图5-1）可知，2030年将实现6G技术的商用，人类社会将进入智能化时代，从移动互联到万物互联，再到万物智联，6G将实现从服务于人、人与物到支撑智能体高效连接的跃迁。

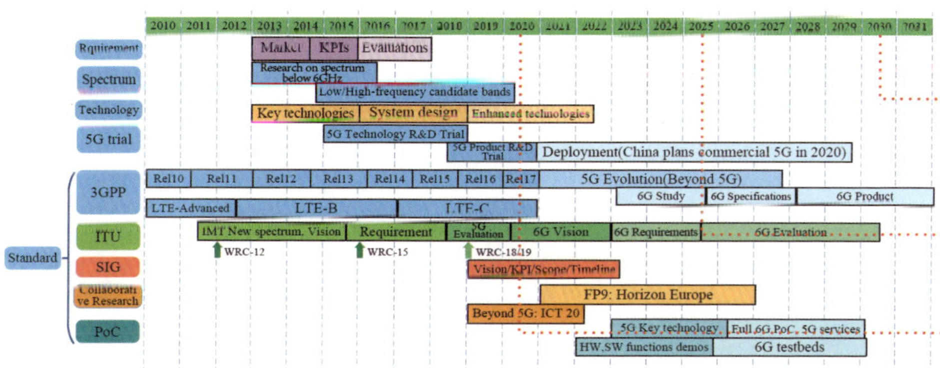

图5-1　6G技术路线图

6G的新应用场景将催生新的驱动趋势：（1）6G应用需要更高的数据传输速率、更宽的频谱和更高的可靠性。（2）6G的3D特性需要频谱效率和能量效率（Spectral/Energy Efficiency，SEE）由面积带宽向体积带宽的方向发展。（3）使用类似电磁活性的大型智能表面和环境进行无线通信将推动6G架构的演进。（4）小数据的大规模可用性，这一趋势将推动超越经典大数据的新型机器学习和数据分析技术发展。（5）互联机器人和自主系统（Connected Robotics and Autonomous System，CRAS）和分布式账本（Distributed Ledger Technologies，DLT）技术迫切需要智能自组织网络来管理网络运营、资源以及优化。因此，6G需要从自组织网络转变为自维护网络。（6）各项技术的融合要求6G通过提供通信、计算、控制、定位和感知系统的统合（Communications，Computing，Control，Location and Sensing，3CLS）来实现多功能应用。（7）可穿戴设备、智能人体植入物等可以直接从人类感官中获取输入数据，从而可终结智能手机时代并推动6G的使用。

这些新趋势下的目标将分两个阶段实现：超5G的重大演进和迈向6G的革命性步骤。5G、超5G与6G之间的指标要求对比如表 5-1所示，其中多传感器扩展现实、互联机器人和自主系统（CRAS）、无线脑-机交互以及区块链和分布式账本技术是决定6G系统性能的核心指标。

表5-1　5G、超5G和6G的指标要求

	5G	超5G	6G
应用类型	·增强型移动宽带（eMBB） ·超可靠低延迟通信（uRLLC） ·大规模机器类型通信（mMTC）	·可靠的eMBB ·uRLLC ·mMTC ·uRLLC与eMBB混合	新应用： ·移动宽带可靠低延迟通信（Mobile Broadband Reliable Low and Latency Communications，MBRLLC） ·大规模超可靠低延时通信（massive ultra-Reliable and Low Latency Communications，muRLLC） ·人本服务（Human Centric Service，HCS） ·多用途3CLS（通信、计算、控制定位和感知系统的统合）和能源服务（Multi-Purpose 3CLS and energy Services，MPS）

（续表）

	5G	超5G	6G
设备类型	·智能手机 ·传感器 ·无人机	·智能手机 ·传感器 ·无人机 ·扩展现实（Extended Reality，XR）设备	·传感器和分布式账本技术（DLT）设备 ·互联机器人和自主系统（CRAS） ·扩展现实和脑-机交互（Wireless Brain-Computer Interactions，BCI）设备 ·智能植入物
网络频谱效率和能量效率收益	bps/Hz/m²下为10倍	bps/Hz/m²下为100倍	bps/Hz/m³（体积）下为1000倍
速率要求	1Gbps	100Gbps	1 Tbps
端到端延迟要求	5 ms	1 ms	<1 ms
仅无线电延迟要求	100 ns	100 ns	10 ns
处理延迟	100 ns	50 ns	10 ns
端到端可靠性要求	99.999%	99.9999%	99.99999%
频段	·Sub-6GHz ·用于固定接入的毫米波	·Sub-6GHz ·用于26GHz和28GHz固定接入的毫米波	·Sub-6GHz ·用于移动接入的毫米波 ·太赫兹波段探究（140GHz以上） ·非射频通信（如光通信、可见光通信等）
架构	·含有伞形宏基站的密集Sub-6GHz小型基站。 ·约100m的毫米波小型基站（用于固定接入）	·含有伞形宏基站的密集Sub-6GHz小型基站。 ·<100m的密集毫米波微型基站	·由毫米波微型基站支持的高频智能表面，用于移动和固定接入。 ·由无人机搭载的基站或系留气球提供的临时热点。 ·微型太赫兹基站试验

为保证上述性能和应用场景的实现，亟须将以下颠覆性技术集成到6G中：（1）6GHz以上的6G，从小型基站到微型基站，由于6G对数据传输速率的要求更高，促使人们探索超Sub-6GHz的更高频段。（2）集成频段的收发器，单个密集高频小型基站无法满足移动6G服务所需的无缝链接需求。（3）与大型智能表面通信，使用全息射频（RF）和全息MIMO可支持大型智能表面以提供新型的通信方式。（4）边缘人工智能。（5）地面、机载和卫星网络的集成。（6）能量收集和能量转移。（7）超6G技术能促进6G技术的发展，如量子计算与通信，其他类似的超6G技术还包括射频和非射频链路（如光学、神经、分子和其他信道）。表 5-2总结了6G技术发展面临的挑战及未来的研究方向。

表5-2　6G研究领域总结

研究领域	挑战	开放性研究
3D速率-可靠性-延迟基础	·基本通信限制 ·6G系统的基本3D性能	·速率-可靠性-延迟领域的3D性能分析 ·可实现的速率-可靠性-延迟目标的表征 ·3D频谱效率和能量效率（SEE）的表征 ·速率-可靠性-延迟目标的能量和频谱需求描述
集成、异构的高频频段探索	·高级移动通信系统的操作挑战 ·容易堵塞 ·短距离 ·缺乏传输模型 ·需要高保真硬件 ·频段共存	·毫米波和太赫兹系统的有效移动性管理 ·跨频段物理、链路和网络层优化 ·覆盖范围和距离改进 ·毫米波和太赫兹微型基站的设计 ·新的太赫兹高保真硬件设计 ·毫米波和太赫兹频段的传输测量和建模
3D网络	·用户和基站在3D中的存在 ·高迁移率	·3D传输建模 ·3D性能指标 ·3D移动性管理和网络优化

（续表）

研究领域	挑战	开放性研究
与大型智能表面（Large Intelligent Surface，LIS）的通信	·LIS表面的复杂特性 ·缺乏现有性能模型 ·缺乏传输模型 ·6G设备和服务的不均匀性 ·LIS提供不同功能（反射器、基站等）的能力	·LIS表面的优化部署和定位 ·LIS反射器与LIS基站 ·用于能量传输的LIS ·支持人工智能的LIS ·跨6G服务的LIS ·LIS发射器和反射器在不同频率下的基本性能分析
无线人工智能	·低复杂度人工智能解决方案的设计 ·大量小数据集	·自组织网络（Self-Organized Network，SON）的强化学习 ·大数据和小数据集分析 ·人工智能驱动的网络管理 ·无线系统的边缘人工智能
新型物理体验质量指标（Quality of Physical Experience，QoPE）	·将原始指标与人类感知相结合 ·人类感知和生理的准确建模	·QoPE指标的理论发展 ·经验QoPE表征 ·现实的心理物理学实验 ·定义现实的QoPE目标和措施
联合通信与控制	·控制和通信指标的集成 ·处理动态和多个时间尺度	·通信和控制系统的协同设计 ·实施控制的无线指标 ·支持无线的控制指标 ·互联机器人和自主系统（CRAS）的联合优化
通信、计算、控制定位和感知系统的统合（3CLS）	·集成多种功能 ·缺乏先验模型	·3CLS指标设计 ·3CLS联合优化 ·支持人工智能的3CLS ·节能3CLS
射频和非射频链路集成	·射频/非射频接口的不同物理性质	·射频/非射频硬件的联合设计 ·射频/非射频联合系统的分析 ·将射频/非射频系统用于各种6G服务
全息无线电	·缺乏现有模型 ·硬件和物理层的挑战	·使用LIS设计全息MIMO ·全息射频性能分析 ·3CLS的全息无线电 ·全息无线电网络优化

此外，IMT-2030（6G）推进组于2021年6月发布的《6G总体愿景与潜在关键技术白皮书》也提出了一些潜在的关键技术方向和新型网络技术。

5.1.2.1 内生智能的新型网络

（1）内生智能的新型空口。深度融合人工智能、机器学习技术，打破现有无线空口模块化的设计框架，实现无线环境、资源、干扰、业务、用户等多维特性的深度挖掘和利用，显著提升无线网络的高效性、可靠性、实时性和安全性，并实现网络的自主运行和自我演进。

（2）内生智能的新型网络架构。充分利用网络节点的通信、计算和感知能力，通过分布式学习、群智式协同以及云边端一体化算法部署，使6G网络原生支持各类人工智能应用。网络内生智能的实现需要体积更小、计算能力更强的芯片，如纳米光子芯片等；需要更适用于网络协同场景的联邦学习等算法；需要网络和终端设备提供新的接口以实现各层智能的产生和交换。

5.1.2.2 增强型无线空口技术

（1）无线空口物理层基础技术。在调制编码技术方面，需要形成统一的编译码架构并兼顾多元化的通信场景需求。在新波形技术方面，需要采用不同的波形方案设计来满足6G更加复杂多变的应用场景及性能需求。在多址接入技术方面，为满足未来6G网络在密集场景下低成本、高可靠和低时延的接入需求，需要对信号结构和接入流程等方面进行改进和优化。

（2）超大规模MIMO技术所面临的挑战主要包括成本高、信道测量与建模难度大、信号处理运算量大、参考信号开销大、前传容量压力大等。此外，低功耗、低成本、高集成度天线阵列及射频芯片是超大规模MIMO技术实现商业化应用的关键。

（3）带内全双工技术。全双工技术的核心是自干扰抑制，但大规模天线基站全双工组网中的站间干扰抑制、大规模天线自干扰抑制技术还有待突破。

5.1.2.3 新物理维度无线传输技术

（1）智能超表面技术用于通信系统中的覆盖增强，可显著提升网络传输速率、信号覆盖能力以及能量效率。该技术所面临的挑战和难点主要包括超表面材料物理模型与设计、信道建模、信道状态信息获取、波束赋型设计、被动信息传输、人工智能使能设计等。

（2）轨道角动量是电磁波固有物理量，同时也是无线传输的新维度，是当前6G潜在的关键技术之一。轨道角动量波束传输最大的难点源于其倒锥状发散波束，而器件工艺、天线设计、射频信号处理等是其未来商用需要克服的关键技术难点。

（3）智能全息无线电技术在无线通信领域面临许多挑战和难点，主要包括智能全息无线电通信理论和模型的建立，基于微波光子技术的连续孔径有源天线阵与高性能光计算之间的高效协同、透明融合和无缝集成等硬件及物理层设计相关等问题。

5.1.2.4　太赫兹与可见光通信技术

（1）太赫兹通信技术具有传输速率高、抗干扰能力强和易于实现通信探测一体化等特点，需要解决的关键核心技术及难点主要包括建立小型化、低成本、高效率的太赫兹收发架构，探索基于锗化硅、磷化铟等新型半导体材料的射频器件，突破低复杂度、低功耗的先进高速基带信号处理技术以实现太赫兹商用，突破小型化和阵列化的太赫兹超大规模天线技术。

（2）可见光通信技术具有无须授权、高保密、绿色和无电磁辐射的特点。其主要难点在于研发高带宽的LED器件和材料。此外，上行链路也是可见光通信面临的重要挑战。

5.1.2.5　通信感知一体化

通信感知一体化是6G潜在关键技术的研究热点之一，面临的技术挑战主要包括通感一体化信号波形设计、信号及数据处理算法、定位和感知联合设计以及感知辅助通信等。此外，可集成的便携式通感一体终端设计也是一个重要方向。

此外，分布式自治网络架构、确定性网络、算力感知网络、星地一体融合组网和支持多模信任的网络内生安全也是6G发展的潜在关键技术。

5.2 发展建议

5G作为新一代信息通信技术发展的重要方向，不仅是技术标准和通信技术，也是支撑高质量发展的重要基础设施，还是抢占未来经济与科技发展战略制高点的关键。然而，广东省当前的5G技术创新发展仍面临诸多问题，如创新链前端基础研究领域科研力量不足，芯片、软件、材料等上游基础环节的核心技术自给能力与产业发展水平严重不适应，通信领域高端研发平台与领军型人才不足等。为加快推动5G技术取得持续突破，保持广东省在通信领域的领先地位，笔者有如下9点建议。

5.2.1 新形势、新起点，全面推进5G科技创新强省建设

充分发挥政府的主导和推动作用，加强体系化布局，做好顶层设计和政策支持，整合政、产、学、研、商等资源，引导各方力量共同推进5G建设发展，形成全省"一盘棋"的工作格局。落实新发展理念，充分调动各部门的积极性和能动性，形成强大工作合力，营造5G创新创业氛围，切实发挥5G政策资源、建设资源、创新资源和产业资源的聚合效用。把融合作为5G的最大特征和价值所在，发挥市场作用，促进5G和经济社会全面融合，以场景促应用、以应用带产业、以产业强发展，加快推动5G业务链、应用链、服务链、产业链一体化发展。

5.2.2 深化科技体制机制改革，保驾护航5G科技创新

继续完善计划项目管理制度，采用分类管理制度和遵循项目研发规律的项目管理方式，切实提高项目管理的效率和水平。在专项指南编制环节，考虑增加科技情报分析，通过分析专项技术领域的科技论文、专利和科技舆情等信息，梳理出论文反映出的基础研究前沿研究方向、专利反映出的产业发展重点、舆情反映出的科技热点等有参考价值的布局方向，再结合指南征集和同行评议等方式形成专项指南，进一步提高指南的规范性、合理性和公信

力。优化项目评审专家遴选方式，坚持以“小同行评议”的方式进行项目立项评审，聚焦5G领域基础研究子领域，提高项目立项支持精准性，实现项目支持的研发技术与市场需求有效匹配。深化项目经费管理制度改革，建议采用项目负责人全权负责制，赋予研发团队用财自主权。根据实际情况提高科研项目人员成本费用比例、科技成果转化收益，提升科研人员的获得感和研发积极性。转变绩效评价导向，对5G领域基础研究尤其是原创性项目研发应弱化经济指标，同时营造能宽容研发项目失败的良好氛围。

建立稳定财政资金支持机制，对从事具有前瞻性5G领域基础研究的项目延长资助周期。鼓励企业加大力度开展5G领域基础研究，对开展具有国际先进水平或产业发展“卡脖子”技术的研发活动的企业，政府可以择优给予相应的配套财政资金，降低企业的研发成本。同时，对企业研发生产亟须且受制于人的高端技术产品采用政府优先采购形式，减少企业研发的后顾之忧。拓宽5G领域企业融资渠道，对拥有该领域基础研究关键技术的企业降低上市门槛，满足其研发资金需求。鼓励社会资本参与5G领域基础研究，对投资5G领域基础研究的风投、创投机构通过财政补贴和风险补偿等方式降低其投资风险，提高其参与基础研究投资的积极性。

5.2.3 加强对接国际研究热点，提高基础研究影响力

过去五年，广东省在5G领域的高被引论文占比并不高，需要契合当前国际研究前沿，产出更多高影响力的高质量论文，提升自身成果在国内外的关注度和影响力。一是定期跟踪学科热点方向和最新研究动向，了解5G领域相关的文献、专利、学者及相关研究机构的情报信息。把握学科领域的发展趋势和研究前沿，锁定突破性研究点和技术空白点。二是解读政策要点，研判国内学科发展趋势，结合应用需求拓展研究方向，并解决实际应用中的“卡脖子”问题。三是鼓励科研人员积极发表高质量学术成果，积极保护知识产权，以实现成果最大效应化，提高广东省在5G领域的国际、国内影响力。

建议围绕车载互联网、人工神经网络、深度强化学习、无人机通信、非

正交多址技术、移动边缘计算、软件定义网络、阵列信号处理等研究热点和前沿领域，强化基础研究，提高研究成果的国际影响力。定期跟踪研究热点和最新进展，把握技术演变和研究前沿的发展趋势，开展原创性研究和前沿交叉研究，提高5G创新供给能力，促进创新链和产业链有机结合。

5.2.4 持续加强5G研发布局，积极探索潜在关键技术

着力突破5G关键半导体材料，毫米波通信，大规模MIMO，基带芯片、FBAR和SAW等通信前端，Polar编码、空分网络，网络切片及低延迟应用场景等关键核心技术。密切关注5G领域的技术演进趋势，把握未来5G技术领域灵活、自适应、智能的无线系统，以及更加高效传输和低延迟的发展趋势，积极提升5G通信性能；大力促进频谱价值最大化、智能有效的5G系统与新应用场景的技术开发，巩固并扩大广东省5G技术优势。

针对当前研究热点主要分布在天线技术领域，而高影响力论文产出率较高的基带类、核心网和产业应用类方向反而成果产出相对较少的基础研究现状，广东省重点领域研发计划及广东省级其他资助项目可考虑向第三代半导体材料、前端组件、基带类、核心网等领域倾斜，加大基础研究扶持力度，促进5G领域关键技术均衡发展。

5.2.5 促进5G产学研用协同创新，构建创新合作网络

鼓励开展国际、国内合作，充分利用国内外机构联盟和创新平台，鼓励广东省内机构开展国际合作、联合攻关、省部共建、学术交流、标准制定等，集聚各类创新资源，构建5G创新合作网络，以创新链发展推动产业链提升。紧紧把握“一带一路”、粤港澳大湾区建设的重要机遇，联合港澳、海外创新主体加强国际交流与合作，推动5G技术标准、频率、产业、应用、安全等多层面的国际合作，实现5G关键环节核心技术研发、科技成果转化和人才培养。大力支持华为等通信设备制造企业以及移动等电信运营企业深入开展国际交流合作，主导或参与5G网络技术、关键设备、产品等国际标准制

定，推动中国5G方案成为国际标准，以标准支撑和引领5G产业发展。

深化粤港澳科技合作，持续加强华南理工大学–广州大学、深圳大学–英国诺森比亚大学、华南理工大学–伦敦大学学院等国内外基础研究机构合作，拓展华为–清华大学、京信通信–厦门大学、华南理工大学–京信通信等企业–高校–科研院所的产学研合作关系；深化与“一带一路”沿线国家、欧美发达国家开展科技领域合作，共建联合研究中心；吸引萨里大学、得克萨斯大学奥斯汀分校、纽约大学、加州伯克利大学（无线研究中心）、东京理工大学和德国弗劳恩霍夫协会等全球领先5G科研机构，以及中央企业、双一流大学等国内一流机构来粤开展协同创新活动，增强广东在5G全球科技竞争中的实力与影响力；支持广东省5G龙头企业牵头组建产业创新联合体，探索组建5G产业技术联盟，建设前沿半导体工艺与封装测试平台、5G认证与应用测试平台。

5.2.6 积极引进领军人才，集聚5G优势创新队伍

坚持需求导向和产业导向，坚持“高精尖缺”定位，聚焦5G关键技术领域，专项支持华南理工大学、中山大学、广东工业大学、深圳大学、南方科技大学、中国科学院与清华大学等高校在粤分支机构的5G相关学科发展与人才培育；更大力度推动高校与华为、中兴、VIVO、京信通信、鹏城实验室等机构联合培养研究生；围绕广东省5G产业自身人才发展现状和短板，展望5G和6G发展趋势，联合科技智库加快编制人才开发路线图，依托“珠江人才计划”与“广东特支计划”等人才计划，在全球范围内大力引进具有重大原始创新能力的战略科学家；完善人才教育、培养、发现、引进、使用和激励政策，培养5G领域战略科技人才、科技领军人才、青年科技人才和高水平创新团队。

5.2.7 提升产业稳定性，营造垂直应用场景良好生态

提升5G产业链、供应链的稳定性，构建涵盖第三代半导体材料、芯片、射频模块、元器件等上游关键零部件产业，以及终端、应用等下游产业的完整5G产业链。加快突破新型网络技术、高效传输技术、通信芯片等领域关

键技术，培育一批瞪羚企业、独角兽企业和行业龙头企业细分领域单项冠军企业、创新型企业，推动上游基础材料、核心零部件以及支撑各环节的关键零部件与重要装备等国产化 。探索5G与人工智能、大数据、云计算、物联网、区块链、AR/VR、卫星通信、边缘计算、视频图像识别等技术深度融合的应用创新。

营造良好的5G应用生态，充分发挥广东省应用场景丰富的优势，加快推动5G相关科研成果转移转化和跨行业商业化拓展，推动5G在智慧医疗、工业互联网、数字经济、智慧交通等领域深度融合，强化与人工智能、云计算等协同，培育一批标志性5G应用场景，紧密围绕产业上下游关键缺失环节和核心技术领域做好战略性布局，探索并解决5G与产业融合推进过程中遇到的困难和问题，营造加速推动5G应用的良好氛围。

5.2.8　培育高价值专利，加强知识产权国际运营

围绕第三代半导体材料、前端组件类、基带类、核心网等关键核心技术领域，结合技术演化特点和企业专利战略，培育高价值专利，构建具有影响力的专利组合，奠定技术领先优势，提升广东省5G全产业链竞争力。同时进一步加强知识产权的保护与运营，鼓励企业和科研力量有计划地开展全球技术部署，积极开展国际专利布局，加强广东省相关技术的知识产权国际保护和运营，支持创新主体开展知识产权维权活动，加大力度打击知识产权侵权行为，做到违法必究、执法必严，营造保护知识产权的良好氛围。

5.2.9　开展6G前沿技术前瞻布局，抢占技术制高点

围绕内生智能的新型网络、增强型无线空口技术、新物理维度无线传输技术、太赫兹与可见光通信技术、通信感知一体化、分布式自治网络架构、确定性网络、算力感知网络、星地一体融合组网和支持多模信任的网络内生安全等6G潜在关键技术开展前瞻布局，探索6GHz以上的6G、集成频段的收发器、全息射频（RF）和全息MIMO通信、边缘人工智能、量子计算与通信等颠覆性技术与6G的集成与融合发展，抢占未来技术制高点。

附 表

附表1 广东省“十三五”期间5G领域高被引SCI论文

序号	标题	来源	作者	出版年	SCI引用频次/次
1	A vision of 6G wireless systems: applications, trends, technologies, and open research problems	IEEE Network	SAAD W, BENNIS M, CHEN M Z	2020	177
2	A MIMO detector with deep learning in the presence of correlated interference	IEEE Transactions on Vehicular Technology	XIA J J, HE K, XU W, ZHANG S L, FAN L S, KARAGIANNIDIS G K	2020	26
3	Physical-layer network coding: an efficient technique for wireless communications	IEEE Network	CHEN P P, XIE Z P, FANG Y, CHEN Z F, MUMTAZ S, RODRIGUES J J P C	2020	32
4	Robust optimization for energy efficiency in MIMO two-way relay networks with SWIPT	IEEE Systems Journal	LI QZ, YANG L	2020	31
5	When deep reinforcement learning meets 5G-enabled vehicular networks: a distributed offloading framework for traffic big data	IEEE Transactions on Industrial Informatics	NING Z L, DONG P R, WANG X J, OBAIDAT M S, HU X P, GUO L, GUO Y, HUANG J, HU B, LI Y	2020	50
6	Recent progress on the electronic structure, defect, and doping properties of Ga2O3	APL Materials	ZHANG J Y, SHI J L, QI D C, CHEN L, ZHANG K H L	2020	44
7	Cache-enabled physical-layer secure game against smart UAV-assisted attacks in b5G NOMA networks	Eurasip Journal on Wireless Communications and Networking	LI C, GAO Z H, XIA J J, DENG D, FAN L S	2020	19

（续表）

序号	标题	来源	作者	出版年	SCI引用频次/次
8	PSO-ELM: a hybrid learning model for short-term traffic flow forecasting	IEEE Access	CAI W H, YANG J J, YU Y D, SONG Y Y, ZHOU T, QIN J	2020	19
9	Convergence of edge computing and deep learning: a comprehensive survey	IEEE Communications Surveys and Tutorials	WANG X F, HAN Y W, LEUNG V C M, NIYATO D, YAN X Q, CHEN X	2020	75
10	Intelligent mobile edge computing with pricing in internet of things	IEEE Access	ZHAO Z C, ZHOU W, DENG D, XIA J J, FAN L S	2020	16
11	Generic deep learning-based linear detectors for MIMO systems over correlated noise environments	IEEE Access	HE K, WANG Z Z, HUANG W, DENG D, XIA J J, FAN L S	2020	13
12	An authenticated key exchange protocol for multi-server architecture in 5G networks	IEEE Access	WU T Y, LEE Z Y, OBAIDAT M S, KUMARI S, KUMAR S, CHEN C M	2020	28
13	Edge AI: on-demand accelerating deep neural network inference via edge computing	IEEE Transactions on Wireless Communications	LI E, ZENG L K, ZHOU Z, CHEN X	2020	46
14	Dual-band metasurface-based decoupling method for two closely packed dual-band antennas	IEEE Transactions on Antennas and Propagation	LIU F, GUO J Y, ZHAO L Y, HUANG G L, LI Y S, YIN Y Z	2020	33
15	Secure wireless communication via intelligent reflecting surface	IEEE Wireless Communications Letters	CUI M, ZHANG G C, ZHANG R	2019	107

（续表）

序号	标题	来源	作者	出版年	SCI引用频次/次
16	Deep learning empowered task offloading for mobile edge computing in urban informatics	IEEE Internet of Things Journal	ZHANG K, ZHU Y X, LENG S P, HE Y J, MAHARJAN S, ZHANG Y	2019	76
17	Blockchain for internet of things: a survey	IEEE Internet of Things Journal	DAI H N, ZHENG Z B, ZHANG Y	2019	111
18	A survey on spatial modulation in emerging wireless systems: research progresses and applications	IEEE Journal on Selected Areas in Communications	WEN M, ZHENG B X, KIM K J, DI RENZO M, TSIFTSIS T A, CHEN K C, AI-DHAHIR N	2019	69
19	The roadmap to 6G: AI empowered wireless networks	IEEE Communications Magazine	LETAIEF K B, CHEN W, SHI Y M, ZHANG J, ZHANG Y J A	2019	133
20	Joint power and time allocation for NOMA–MEC offloading	IEEE Transactions on Vehicular Technology	DING Z G, XU J, DOBRE O A, POOR H V	2019	56
21	Edge server placement in mobile edge computing	Journal of Parallel and Distributed Computing	WANG S G, ZHAO Y L, XU J L, YUAN J, HSU C H	2019	66
22	Multi–antenna NOMA for computation offloading in multiuser mobile edge computing systems	IEEE Transactions on Communications	WANG F, XU J, DING Z G	2019	57

（续表）

序号	标题	来源	作者	出版年	SCI引用频次/次
23	Intelligent offloading in multi-access edge computing: a state-of-the-art review and framework	IEEE Communications Magazine	CAO B, ZHANG L, LI Y, FENG D Q, CAO W	2019	70
24	Significantly enhanced electrostatic energy storage performance of flexible polymer composites by introducing highly insulating-ferroelectric microhybrids as fillers	Advanced Energy Materials	LUO S B, YU J Y, YU S H, SUN R, CAO L Q, LIAO W H, WONG C P	2019	87
25	Securing UAV communications via joint trajectory and power control	IEEE Transactions on Wireless Communications	ZHANG G C, WU Q Q, CUI M, ZHANG R	2019	109
26	Artificial neural networks-based machine learning for wireless networks: a tutorial	IEEE Communications Surveys and Tutorials	CHEN M Z, CHALLITA U, SAAD W, YIN C C, DEBBAH M	2019	117
27	Applications of deep reinforcement learning in communications and networking: a survey	IEEE Communications Surveys and Tutorials	LUONG N C, HOANG D T, GONG S M, NIYATO D, WANG P, LIANG Y C, KIM D I	2019	165
28	Dual-band eight-antenna array design for mimo applications in 5G mobile terminals	IEEE Access	LI J X, ZHANG X K, WANG Z, CHEN X M, CHEN J, LI Y S, ZHANG A X	2019	45
29	Secure transmission for downlink NOMA visible light communication networks	IEEE Access	DU C, ZHANG F, MA S, TANG Y X, LI H, WANG H M, LI S Y	2019	57

（续表）

序号	标题	来源	作者	出版年	SCI引用频次/次
30	Novel index modulation techniques: a survey	IEEE Communications Surveys and Tutorials	MAO T Q, WANG Q, WANG Z C, CHEN S	2019	71
31	Size reduction of self-isolated mimo antenna system for 5G mobile phone applications	IEEE Antennas and Wireless Propagation Letters	ZHAO A P, REN Z Y	2019	49
32	5G-based green broadband communication system design with simultaneous wireless information and power transfer	Physical Communication	LIU X, ZHANG X Y, JIA M, FAN L S, LU W D, ZHAI X P	2018	65
33	Physical layer security for cooperative NOMA systems	IEEE Transactions on Vehicular Technology	CHEN J C, YANG L, ALOUINI M S	2018	79
34	Joint power allocation and beamforming for non-orthogonal multiple access (NOMA) in 5G millimeter wave communications	IEEE Transactions on Wireless Communications	XIAO Z Y, ZHU L P, CHOI J, XIA P F, XIA X G	2018	103
35	Optimization or alignment: secure primary transmission assisted by secondary networks	IEEE Journal on Selected Areas in Communications	CAO Y, ZHAO N, YU F R, JIN M L, CHEN Y F, TANG J, LEUNG V C M	2018	97
36	A scalable and quick-response software defined vehicular network assisted by mobile edge computing	IEEE Communications Magazine	LIU J Q, WAN J F, ZENG B, WANG Q R, SONG H B, QIU M K	2017	126

（续表）

序号	标题	来源	作者	出版年	SCI引用频次/次
37	Index modulation techniques for next-generation wireless networks	IEEE Access	BASAR E, WEN M W, MESLEH R, DI RENZO M, XIAO Y, HAAS H	2017	254

附表2　广东省5G领域高竞争影响力值（CI）专利

序号	专利家族	标题	公开（公告）日	申请人	发明人	CI
1	CN110996303.A	Systems and methods for application-friendly protocol data unit (pdu) session management	2017/12/5	Huawei	Li Xu; Ngoc Dung Dao	117.8
2	CN110169140.A	System and methods for session management	2018/1/4	Huawei	Ngoc Dung Dao; Zhang Hang; Li Xu	103.1
3	CN110691429.A	RRC state control method and device	2016/5/13	Huawei	Zhang Hongping; Zeng Qinghai	82.6
4	CN108293004.A	Systems and methods for network slice management	2016/8/19	Huawei	Sophie Vrzic	69.0
5	CN108370530.A	Methods and systems for performing network slicing in radio access network	2016/11/18	Huawei	Rong Lu; Ma Jianglei; Zhu Peiying; Tong Wen; Kelvin Kar Kin Au	66.2

（续表）

序号	专利家族	标题	公开（公告）日	申请人	发明人	CI
6	CN108684073.A	Registration and session establishment methods, terminal and AMF (Access and Mobility Management Function) entity	2017/6/19	Huawei	Yang Haorui; Jin Hui; Ouyang Guowei; He Yue; Dou Fenghui; Li Xiaojuan	58.2
7	CN106572516.A	Network slice selection method, terminal equipment and network equipment	2016/9/28	Huawei	Lou Chong; Huang Yada; Zhang Jian	58.2
8	CN106063353.A	Systems and methods for OFDM with flexible sub-carrier spacing and symbol duration	2015/2/20	Huawei	Ma Jianglei; Jia Ming	51.3
9	CN108923894.A	Information transmission method, device and system	2017/3/23	ZTE	Wang Mengzhen; Chen Lin; Chen Yuqin	51.1
10	CN107925587.A	Method and apparatus for network slicing	2016/6/15	Huawei	Zhang Hang; Li Xu	49.1
11	CN109088180.A	AOG antenna system and mobile terminal	2018/8/12	AAC Technologies	Zhu Zhimin; Xia Xiaoyue; Yong Zhengdong; Zhao Wei; Wang Chao	49.0
12	CN108199730.A	Multi-path selection switch, radio frequency system and wireless communication device	2018/3/16	Oppo	Bai Jian	47.8
13	CN108092754.A	Method and apparatus for configuring reference signal channel feature, and communication device	2017/11/17	ZTE	Gao Bo; Li Ruyue; Lu Zhaohua; Chen Yijian; Yuan Yifei; Wang Xinhui	46.0

（续表）

序号	专利家族	标题	公开（公告）日	申请人	发明人	CI
14	CN108199727.A	Multi-path selection switch and related products	2018/3/16	Oppo	Bai Jian	42.4
15	CN108029062.A	System and Methods for Network Slice Reselection	2016/8/10	Huawei	Sophie Vrzic	40.0
16	CN103684477.A	Generation method and generation device for mixed polar code	2012/9/24	Huawei	Li Bin; Shen Hui	38.1
17	CN108462735.A	Method, device and system for selecting session management functional entity	2017/3/7	Huawei	Ding Hui; Wang Xiaoyan	36.5
18	CN109792658.A	Ultra reliable low latency connection support in radio access networks	2017/9/28	Huawei	Sophie Vrzic; Jaya Rao	35.3
19	CN108832267.A	Electronic device	2013/5/29	Oppo	Xiang Yuanbin	32.9
20	CN109041149.A	Network switching method and device	2017/8/14	Huawei	Chong Weiwei; Wu Xiaobo; Xin Yang	32.2
21	CN109103589.A	Antenna module and mobile terminal	2013/8/12	AAC Technologies	Yong Zhengdong; Zhu Zhimin; Xia Xiaoyue; Zhao Wei; Wang Chao	32.1
22	CN108370600.A	Dialogue management method, terminal, and system	2017/5/9	Huawei	Dou Fenghui; He Yue; Jin Hui; Ouyang Guowei;Y ang Haorui	31.3

（续表）

序号	专利家族	标题	公开（公告）日	申请人	发明人	CI
23	CN110291837.A	Network registration and network slice selection system and method	2018/2/1	Huawei	Sophie Vrzic; Jaya Rao	30.9
24	CN108199729.A	Multi-path selection switch and wireless communication device	2018/3/16	Oppo	Bai Jian	30.7
25	CN108809609.A	DMRS (Demodulation Reference Signal) indication and receiving methods, transmitting end and receiving end	2017/11/17	Huawei	Ren Xiang; Liu Yong; Lu Rong	30.7
26	CN107003985.A	Systems and methods for providing customized virtual wireless networks based on service oriented network auto-creation	2015/11/26	Huawei	Zhang Hang; Li Xu; Nimal Gamini Senarath; Sophie Vrzic; Ngoc Dung Dao; Hamidreza Farmanbar	29.8
27	CN109102299.A	Resource transfer data management method, device, and storage medium	2018/8/1	Tencent	Guo Rui; Li Maocai; Wang Zongyou; Tu Haitao; Kong Li; Zhou Kaiban; Yang Changqing; Wang Nan; Ding Yong; Shi Yifang	29.7
28	CN103220001.A	Decoding method and decoding device for polar codes concatenated with cyclic redundancy checks (CRC)	2012/1/20	Huawei	Li Bin; Shen Hui	29.6
29	CN106375987.A	Method and system for selecting network slice	2015/7/22	ZTE	Zong Zaifeng	28.0

（续表）

序号	专利家族	标题	公开（公告）日	申请人	发明人	CI
30	CN108199725.A	Multi-path selection switch and related products	2018/3/16	Oppo	Bai Jian	27.8
31	CN109687165.A	Millimeter wave array antenna module and mobile terminal	2018/12/29	AAC Technologies	Zhu Zhimin; Yong Zhengdong; Xia Xiaoyue; Wang Chao	27.6
32	CN108462506.A	Multiplexer switch and related product	2018/3/16	Oppo	Bai Jian	27.2
33	CN109274379.A	Radio frequency system and related product	2018/7/25	Oppo	Yang Xin	27.2
34	CN108777666.A	Distribution method for link aggregation and related equipment	2018/8/23	Oppo	Huang Yuan	26.6
35	CN108513726.A	Method and device for moving between communication systems	2017/6/16	Huawei	Jin Hui; Dou Fenghui; Yang Haorui; He Yue; Ouyang Guowei	26.4
36	CN109802699.A	signal transceiving device and terminal equipment	2019/1/24	vivo Holdings (Dongguan)	Chen Fangsheng; Sheng Xuefeng	26.2
37	CN103636210.A	Offset decoding device, offset encoding device, image filter device, and data structure	2012/6/22	Huawei	Yamazaki Takanori; Ikai Tomohiro; Yamamoto Tomoyuki; Yasugi Yukinobu	25.6
38	CN108199728.A	Multi-path selection switch, radio frequency system and wireless communication device	2018/3/16	Oppo	Bai Jian	25.5
39	CN109314602.A	Apparatus and methods for error detection coding	2017/6/1	Huawei	Ge Yiqun; Zhang Ran; Cheng Nan; Shi Wuxian	24.7

（续表）

序号	专利家族	标题	公开（公告）日	申请人	发明人	CI
40	CN108768434.A	Radio frequency circuit, terminal and signal transmitting control method	2018/6/6	vivo Holdings (Dongguan)	Wang Baigang	24.7
41	CN109041138.A	Communication method and source base station, target base station, core network equipment, and terminal equipment	2017/8/11	Huawei	Jin Yinghao; Henrik Oloffson; Han Feng; Tan Wei	24.5
42	CN109546311.A	Antenna structure and communication terminal	2018/12/12	vivo Holdings (Dongguan)	Li Rihui	24.4
43	CN109447648.A	Method for recording data blocks in block chain network, accounting node and medium	2018/12/7	SHENZHEN ZHISHUILIAN TECH;Tencent	Li Maocai; Lan Hu; Wang Zongyou; Zhou Kaiban; Tu Haitao; Zhang Jinsong; Shi Yifang; Yang Changqing; Kong Li; Zhu Gengliang; Ding Yong; Liu Qucheng; Chen Qiuping; Wang Peng	23.8
44	CN109803362.A	Power control method, UE, base station, parameter configuration method and control method	2017/11/17	ZTE	Yao Ke; Gao Bo;Lu Zhaohua; Zhang Shujuan	23.7

（续表）

序号	专利家族	标题	公开（公告）日	申请人	发明人	CI
45	CN109151891.A	Communication processing method and communication device	2017/8/10	Huawei	Xu Xiaoying; Huang Qufang; Liu Xing; You Chunhua; Zeng Qinghai; Luo Haiyan; Dai Mingzeng	23.4
46	CN109561427.A	Communication method and related device	2017/5/5	Huawei	Li He; Chen Jing; Hu Li	23.3
47	CN107710832.A	System and method for virtualized functions in control and data planes	2016/6/1	Huawei	Sophie Vrzic; Zhang Hang ; Nimal Gamini Senarath	23.2
48	CN109066055.A	Terminal device	2018/9/28	vivo Holdings (Dongguan)	Huang Huanqu; Wang Yijin; Jian Xianjing	23.2
49	CN105075163.A	Polar code processing method and device	2015/11/20	Huawei	Shen Hui; Li Bin; Chen Jun	23.1
50	CN109149072.A	Antenna module and mobile terminal	2018/8/20	AAC Technologies	Qiu Xiaojun; Zhu Bo	23.0

参考文献

[1] 薛泉. 5G的世界 [M]. 广东：广东科技出版社，2020.

[2] 吕婷，曹亘，李轶群，等. 基站架构及面向5G的演进研究 [J]. 邮电设计技术，2017（8）：46-50.

[3] 方曙. 基于专利信息分析的技术创新能力研究 [D]. 成都：西南交通大学，2007.

[4] 刘芫健，朱古月，李双德，等. 面向5G的大规模MIMO 信道测量与建模研究进展 [J]. 南京邮电大学学报（自然科学版），2020，40（5）：158-167.

[5] 张跃平. 封装天线技术发展历程回顾 [J]. 中兴通讯技术，2017，23（6）：41-49.

[6] 李晖，米佳，胡少勤，等. 高性能声学滤波器技术研究进展 [J]. 压电与声光，2020，42（5）：617-622.

[7] 彭林，章国豪. 面向5G应用的毫米波CMOS射频功率放大器的研究进展 [J]. 电子技术应用，2019，45（3）：1-6，12.

[8] 杨一夫，武刚，李欣然，等. 面向后5G的非正交多址技术综述 [J]. 无线电通信技术，2020，46（1）：26-34.

[9] 王炜，戴金晟，牛凯，等. 极化码混合自动请求重传技术综述 [J]. 无线电通信技术，2020，46（1）：55-62.

[10] 王哲. 边缘计算发展现状与趋势展望 [J]. 自动化博览，2021，38（2）：22-29.

[11] 杨立，李大鹏. 网络切片在5G无线接入侧的动态实现和发展趋

势［J］. 中兴通讯技术，2019，25（6）：8-18.

［12］谷志群，肖玉明，张佳玮，等. 5G时代光与无线融合接入网及其关键技术研究进展［J］. 太原理工大学学报，2021，52（4）：525-533.

［13］王靖宇. 分析5G移动通信技术发展与应用趋势［J］. 信息通信，2020（7）：256-257.

［14］徐为成. 5G时代云计算发展的五大新趋势［J］. 通信世界，2019（20）：46.

［15］张平，牛凯，田辉，等. 6G移动通信技术展望［J］. 通信学报，2019，40（1）：141-148.

［16］IMT-2030（6G）推进组，6G总体愿景与潜在关键技术白皮书[EB/OL]. [2021-07-05]. http://www.caict.ac.cn/kxyj/qwfb/ztbg/202106/P020210604552572072895.pdf.

［17］Xin LIU，Guan-sheng，De-han WANG，et al. Fadhel M. GHANNOUCHI1，2Energy-efficient power amplifiers and linearization techniques for massive MIMO transmitters: a review［J］. Frontiers of Information Technology & Electronic Engineering，2020，21（1）：72-97.

［18］Fei-yan TIAN，Xiao-ming CHEN. Multiple-antenna techniques in nonorthogonal multiple access: a review［J］. Frontiers of Information Technology & Electronic Engineering，2019，20（12）：1665-1698.

［19］Björnson E，Sanguinetti L，Wymeersch H，et al. Massive MIMO is a reality-what is next?［J］. Digital Signal Processing，2019，94：3-20.

［20］Liu Y W，Qin Z J，Elkashlan M，et al. Nonorthogonal multiple access for 5G and beyond［J］. Proceedings of the IEEE，2017，105（12）：2347-2381.

［21］Dai LL，Wang B C，Peng M G，et al. Hybrid precoding-based millimeter-wave massive MIMO-NOMA with simultaneous wireless information and power transfer［J］. IEEE Journal on Selected Areas in Communications，2019，

37（1）：131-141.

［22］Zhou F H，Wu Y P，Liang Y C，et al. State of the art，taxonomy and open issues on cognitive radio networks with noma［J］. IEEE Wireless Communications，2018，25（2）：100-108.

［23］Dai L L，Wang B C，Ding Z G，et al. A survey of non-orthogonal multiple access for 5G［J］. IEEE Communications Surveys and Tutorials，2018，20（3）：2294-2323.

［24］Li B，Fei Z S，Zhang Y. UAV Communications for 5G and beyond：recent advances and future trends［J］. IEEE Internet of Things Journal，2019，6（2）：2241-2263.

［25］Luong N C，Hoang D T，Gong S M，et al. Applications of deep reinforcement learning in communications and networking：a survey［J］. IEEE Communications Surveys and Tutorials，2019，21（4）：3133-3174.

［26］Hao Y，Guo XY，Xu XD，et al. 5G wireless evolution white paper: towards a sustainable 5G(2021)[EB/OL]. [2021-07-05]. http://www.future-forum.org/en/leon/a//upfiles/file/202104/20210416165254065406.pdf.

［27］Letaief KB，Chen W，Shi YM，et al. The Roadmap to 6G: AI Empowered Wireless Networks[J]. Ieee Communications Magazine，2019，57（8）：84-90.

［28］Saad W，Bennis M，Chen MZ. A Vision of 6G Wireless Systems: Applications，Trends，Technologies，and Open Research Problems[J]. Ieee Network，2020，34（3）：134-142.